칸토어가 들려주는 무한 이야기

수학자가 들려주는 **수학** 이야기 21

칸토어가 들려주는 무한 이야기

초판 1쇄 발행일 | 2008년 5월 30일
초판 23쇄 발행일 | 2024년 9월 1일

지은이 | 안수진
펴낸이 | 정은영

펴낸곳 | (주)자음과모음
출판등록 | 2001년 11월 28일 제2001-000259호
주소 | 10881 경기도 파주시 회동길 325-20
전화 | 편집부 (02)324-2347, 경영지원부 (02)325-6047
팩스 | 편집부 (02)324-2348, 경영지원부 (02)2648-1311
e-mail | jamoteen@jamobook.com

ISBN 978-89-544-1570-5 (04410)

21 수학자가 들려주는 수학 이야기

칸토어가 들려주는

무한 이야기

| 안 수 진 지음 |

(주) 자음과모음

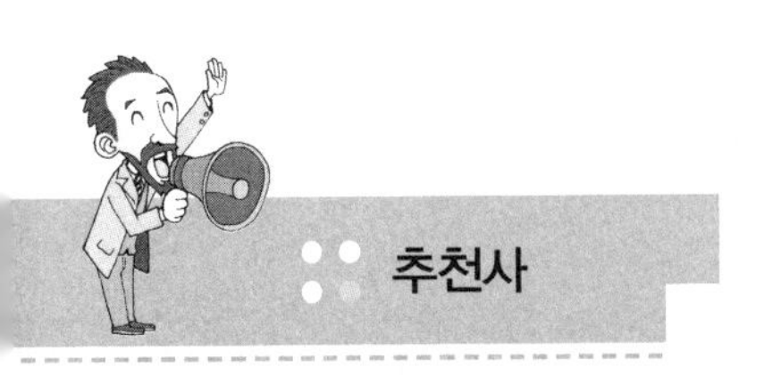

추천사

수학자라는 거인의 어깨 위에서

보다 멀리, 보다 넓게 바라보는 수학의 세계!

수학 교과서는 대개 '결과'로서의 수학을 연역적으로 제시하는 경향이 강하기 때문에 학생들은 수학이 끊임없이 진화해 왔다는 생각을 하기 어렵습니다. 그렇지만 수학의 역사는 하나의 문제가 등장하고 그에 대해 많은 수학자들이 고심하고 이를 해결하는 가운데 새로운 아이디어가 출현해 온 역동적인 과정입니다.

〈수학자들이 들려주는 수학 이야기〉는 수학 주제들의 발생 과정을 수학자들의 목소리를 통해 친근하게 이야기 형식으로 들려주기 때문에 학생들이 수학을 '과거완료형'이 아닌 '현재진행형'으로 인식하는 데 도움이 될 것입니다.

학생들이 수학을 어려워하는 요인 중의 하나는 '추상성'이 강한 수학적 사고의 특성과 '구체성'을 선호하는 학생의 사고의 특성 사이의 괴리입니다. 이런 괴리를 줄이기 위해서 수학의 추상성을 희석시키고 수학 개념과 원리의 설명에 구체성을 부여하는 것이 필요한데, 〈수학자들이 들려주는 수학 이야기〉는 수학 교과서의 내용을 생동감 있게 재구성함으로써 추상적인 수학을 구체성을 갖는 수학으로 변모시키고 있습니다. 또한 중간중간에 곁들여진 수학자들의 에피소드는 자칫 무료해지기 쉬운 수학 공부에 있어 윤활유 역할을 할 수 있을 것입니다.

〈수학자들이 들려주는 수학 이야기〉의 구성을 보면 우선 수학자의 업적을 개략적으로 소개하고, 6~9개의 강의를 통해 수학 내적 세계와 외적 세계, 교실 안과 밖을 넘나들며 수학 개념과 원리들을 소개한 후 마지막으로 강의에서 다룬 내용들을 정리합니다. 이런 책의 흐름을 따라 읽다 보면 각 시리즈가 다루고 있는 주제에 대한 전체적이고 통합적인 이해가 가능하도록 구성되어 있습니다.

〈수학자들이 들려주는 수학 이야기〉는 학교 수학 교과 과정과 긴밀하게 맞물려 있으며, 전체 시리즈를 통해 학교 수학의 많은 내용들을 다룹니다. 예를 들어 《라이프니츠가 들려주는 기수법 이야기》는 수가 만들어진 배경, 원시적인 기수법에서 위치적 기수법으로의 발전 과정, 0의 출현, 라이프니츠의 이진법에 이르기까지를 다루고 있는데, 이는 중학교 1학년의 기수법의 내용을 충실히 반영합니다. 따라서 〈수학자들이 들려주는 수학 이야기〉를 학교 수학 공부와 병행하면서 읽는다면 교과서 내용의 소화 흡수를 도울 수 있는 효소 역할을 할 수 있을 것입니다.

뉴턴이 'On the shoulders of giants' 라는 표현을 썼던 것처럼, 수학자라는 거인의 어깨 위에서는 보다 멀리, 넓게 바라볼 수 있습니다. 학생들이 〈수학자들이 들려주는 수학 이야기〉를 읽으면서 각 수학자들의 어깨 위에서 보다 수월하게 수학의 세계를 내다보는 기회를 갖기를 바랍니다.

홍익대학교 수학교육과 교수 | 《수학 콘서트》 저자 **박 경 미**

책머리에

무한한 가능성을 지닌 꼬마 수학자들에게
들려주는 '무한' 이야기

형이 동생에게 물었습니다.

"'무한' 하면 떠오르는 것이 뭐야?"

씩 웃으며 동생이 대답합니다.

"글쎄…… 무한도전~."

무한이 뭐냐고 갑자기 물어본다면 여러분들도 저도 아마 이렇게 대답하기 쉽겠죠?

사실 무한이란 말은 엄청난 의미를 갖고 있는 단어예요.

'끝이 없는, 한계가 없는, 계속 가는, 계속 반복되는, 영원한…….'

이렇게 무한과 관련된 말들은 오묘하고 신비롭게 다가옵니다. 사람들은 예부터 무한을 꿈꾸면서도 은근히 두려워했어요. 하긴 지구가 둥글다는 것조차 몰라서 땅의 끝을 낭떠러지로 그리는 상태였으니 무한을 상상한다는 것은 너무나 어려웠겠죠. 그러나 수많은 천문학 지식을 알게 된 근대까지도 무한에 대한 신비감은 너무나 커서 수학자, 과학자들도 가능하면 피해가려는 주제였습니다. 오히려 무한은 종교와 관련하여 더 잘 다루어졌다고 알려지고 있지요.

바로 이러한 때에, 이 미지의 세계에 제대로 발 디딘 사람이 있었으니 그 이름은 바로 수학자 '칸토어' 였습니다.

'최초' 라는 단어를 가진 사람들 중에는 엄청난 축하와 존경, 부를 누린 사람들도 있지만 칸토어는 무한을 다루었다는 것만으로 힘든 시기를 보내야 했습니다. 남들이 잘 다루지 않는 무한을 연구 주제로 삼으면서 새로운 증명 방법을 사용하여 자꾸만 놀라운 성질들을 이야기했으니 수학자들도 받아들이기 힘들어 했지요. 그러나 곧 칸토어를 지지하는 사람들이 많아졌고 이제는 그가 세운 '집합론' 이 현대수학의 기초라고 불리기까지 합니다.

칸토어는 늘 수학을 자유롭게 탐구했어요. 바로 이것이 그가 다른 사람보다 특별한 점입니다. 우리는 하루하루 생활하면서 "이것은 이래서 안 되고, 저것은 저래서 안 돼"라고 하며 스스로의 생각과 행동에 한계를 두는 경우가 많습니다.

"답답한 학교 생활, 늘 똑같은 일상이야." 라고 말하면서도 다른 사람들의 생각대로 따라가고만 있지는 않은가요?

가끔은 칸토어처럼 모든 사람들이 '예' 라고 할 때 '아니오' 라고 외치며 새로운 분야에 도전해 보세요. 다른 것은 몰라도 우리의 머리로 하는 생각만큼은 그 누구도 방해할 수 없는 자신만의 공간이니까요.

이 책은 칸토어가 세운 집합론에서 우리 학생들이나 일반인들이 같이 생각해 볼 수 있는 정도까지의 핵심내용을 정리하여 수업을 하듯이 알려주고 있습니다. 칸토어가 다루는 무한이 생각보다 우리가 아는 내용과 관련되어 있고 쉽게 이해할 수 있다는 사실을 알 수 있을 것입니다.

이 책을 읽고 무한의 세계를 좀 더 알고 싶다면 다른 분야에 관련된 무한 이야기들을 꼭 읽어 보세요. 기하와 관련된 무한, 예술과 관련된 무한, 우주나 시간에 관련된 무한 등 아주 많은 내용들이 있습니다. 무한히 많은 이야기들이 여러분들을 기다리고 있을 거예요.

집합에 관련된 내용을 토대로 우리가 수학 시간에 다루던 수들을 관찰하며 무한의 성질을 탐구하다 보면 우리가 가지고 있는 생각의 힘도 무한히 커지는 것을 느낄 수 있을 것입니다. 무조건 어려울 것이라는 편견에서 벗어나 즐거운 마음으로 무한의 세계를 여행하길 바랍니다.

2008년 5월 안 수 진

차례

1 이 책은 달라요

《칸토어가 들려주는 무한 이야기》는 집합과 무한에 관한 여러 성질을 생각하기 쉬운 수학적인 예나 수학 역사 속의 이야기를 통해 재미있게 알려줍니다. 아이들은 칸토어 선생님과 함께 이곳저곳 여행을 하거나 집과 박물관을 구경하면서 무한집합을 차츰차츰 알게 되고 직선과 선분, 직선과 평면의 점의 개수가 같다는 마술 같은 무한의 성질을 깨닫게 됩니다. 이 과정에서 집합에 관한 개념과 기호, 대응과 함수, 수열, 극한 등 중고등학교에서 배우는 어려운 수학 개념을 알게 됩니다.

2 이런 점이 좋아요

1 칸토어의 친절한 설명 속에 무한이란 단어가 주는 두려움에서 차츰 벗어나 신비감을 알게 됩니다. 우리가 생활 속에서 항상 사용하는 자연수부터 실수까지 모든 수의 집합들이 무한집합임을 알게 되고 과거 수학자들조차 금기시했던 무한의 세계에 누구나 충분히 들어갈 수 있

다는 것을 알게 됩니다. 끝까지 수업을 따라가다 보면 항상 절대적이고 완벽해 보이던 수학에 불완전한 면이 있다는 것도 알 수 있습니다.

2 초등학생과 중학생에게는 분수와 소수 표현, 자연수, 정수, 유리수, 무리수, 실수까지 수와 연산 단원에서 배우는 수에 관한 개념과 성질들이 알기 쉽게 설명되어 있습니다. 초등학생들은 집합에 대한 개념을 예습하고, 중학생들은 집합과 관련된 내용들을 자세히 살펴보고 함수와 대응 개념도 익힐 수 있는 시간이 될 것입니다.

3 고등학생들은 집합과 함수에 관련된 개념과 성질들을 살펴보며 기초를 다질 수 있고 수열과 극한 단원에서 나오는 추상적인 개념들을 간단히 정리해 보며 어떤 의미를 지니는지 알 수 있습니다.

3 교과 과정과의 연계

구분	학년	단원	연계되는 수학적 개념과 내용
초등학교	3-가	분수	분수의 이해
	3-나	분수와 소수	소수의 이해
	4-가, 4-나	문제 푸는 방법 찾기	규칙을 추측해 보기, 대응
	6-가, 6-나	문제 푸는 방법 찾기	비와 비율, 규칙과 대응

구분	학년	단원	연계되는 수학적 개념과 내용
중학교	7-가	집합	집합의 정의 기호와 표현 성질
		정수와 유리수	정수와 유리수의 개념과 성질
		함수	함수의 개념, 순서쌍과 좌표, 그래프
	8-가	유리수와 소수	유리수, 유한소수, 순환소수
		일차함수	일차함수식, 그래프 표현
	9-가	실수	제곱근, 무리수의 개념, 실수
고등학교	10-가	집합과 명제	집합의 포함관계와 연산법칙, 명제의 뜻
	수 I	수열과 극한	수열의 개념, 여러 가지 수열, 수학적 귀납법, 무한수열과 극한, 무한급수

수업 소개

첫 번째 수업_유한집합과 무한집합

집합의 의미와 집합에 관한 용어, 기호를 알아보고, 집합을 유한집합과 무한집합으로 구분하여 봅니다.

- 선수 학습 : 자연수에 대한 이해, 공통된 성질을 이용한 수나 물건의 분류
- 공부 방법 : 슈퍼마켓에서 진열된 물건들을 정리할 때처럼 생활 속에서 어떤 대상들을 구분하고 모을 때가 있습니다. 여러 가지 모임을 분류할 때 수학에서는 기준이 분명한 모임만을 집합으로 여깁

니다. 집합의 정의를 이해하여 집합인 모임과 집합이 아닌 모임을 구분해 보고, 집합에 관련된 여러 용어와 기호를 익힙니다. 또한 집합에 들어 있는 원소의 개수에 따라 유한집합과 무한집합이 정의되는 것을 이해하여 집합을 유한집합과 무한집합으로 구분하여 봅니다.

• 관련 교과 단원 및 내용

– 5-가 '약수와 배수' 단원에서 배수의 의미를 알고 주어진 집합의 예를 이해합니다.

– 7-가, 10-가 '집합' 단원에서 집합의 의미를 이해하고 집합에 관련된 용어를 익힙니다. 집합의 연산인 교집합과 합집합을 배우고 원소의 개수를 나타내는 기호도 함께 공부합니다. 유한과 무한의 개념을 이해하고, 집합을 유한집합과 무한집합으로 구분합니다. 공집합에 대해서도 함께 배웁니다.

두 번째 수업 _ 집합의 기수

두 집합 사이의 일대일 대응 관계를 이해하고, 유한집합과 무한집합의 기수에 대해서 알아봅니다.

• 선수 학습 : 자연수에 대한 이해, 공통된 성질을 이용한 수나 물건의 분류

• 공부 방법 : 영화관이나 공연장에 가면 관람을 위해 표에 적혀 있

는 좌석의 이름을 확인하게 됩니다. 좌석을 빨리 찾을 수 있도록 관람석에 있는 수많은 의자와 좌석 이름이 대응되어 있습니다. 이와 비슷하게 수학에서도 두 집합 사이의 대응 관계를 생각할 수 있습니다. 특히 두 집합이 일대일 대응 관계이면 그 두 집합은 원소의 개수, 즉 기수가 같게 됩니다. 유한집합과 무한집합 원소의 기수에 대한 여러 가지 용어를 익히며 두 집합 사이의 크기 비교를 생각해 봅시다.

• 관련 교과 단원 및 내용

– 4–나, 6–나 '문제 푸는 방법 찾기' 단원에서 두 개의 대상 사이에 대응 관계를 이해합니다.

– 10–나 '함수' 단원을 보면 함수는 정의역의 모든 원소마다 공역에 있는 단 하나의 원소가 짝 지어져 있는 관계로, 두 집합 사이의 특별한 대응 관계입니다. 이 단원에서는 함수에 대한 직접적인 언급이 없지만 학교 교과 과정의 내용을 바탕으로 두 집합 사이의 대응 관계에서 일의 대응, 일대다 대응, 일대일 대응 개념을 익힙니다.

세 번째 수업_힐베르트의 호텔

자연수 집합의 기수를 생각하며 무한집합의 여러 성질을 익힙니다. 무한집합과 대등한 무한집합의 진부분집합을 관찰하고 무한집합의 정의를 새롭게 배웁니다.

- 선수 학습 : 무한집합, 유한집합, 기수, 자연수, 정수, 초한수, 부분 집합, 진부분집합, 일대일 대응, 대등, 원소나열법
- 공부 방법 : 독일의 수학자 힐베르트가 무한의 성질을 나타내기 위해 만든 '힐베르트의 호텔' 이야기를 읽으며 무한 기수에 수를 더하거나 곱하여도 무한 기수가 그대로임을 이해합니다. 일대일 대응 개념을 토대로 무한집합과 무한집합의 한 진부분집합 사이에 대등함을 알고 무한집합의 특성을 이해하며 정수와 자연수 집합이 같은 기수를 갖는 집합임을 생각해 봅니다.
- 관련 교과 단원 및 내용
  - 7-가, 10-가 '집합' 단원에서 유한집합, 무한집합을 구분할 줄 알고, 유한집합의 진부분집합 원소의 개수가 원집합 원소의 개수보다 적음을 알게 됩니다. 무한집합의 진부분집합의 기수에 대해서 새롭게 배웁니다.
  - 7-가 '정수와 유리수' 단원에서 정수가 어떤 수의 집합인지 알고 자연수 집합과 비교해 봅니다.

네 번째 수업 _ 유리수의 기수

유리수의 정의를 알고 유리수의 조밀성을 배웁니다. 전혀 다르게 보이는 유리수 집합과 자연수 집합이 일대일 대응을 맺을 수 있음을 확인하

고 두 집합의 기수가 같다는 것을 알게 됩니다.

- 선수 학습 : 분수, 소수, 자연수, 정수, 양수, 음수, 일대일 대응, 기수, 대등, 증명
- 공부 방법 : 분수의 개념을 세 가지로 정리해 보고 분수 모양으로 표현되는 유리수에 대해서 자세히 알아봅니다. 유리수로 표현되는 소수의 종류를 익히고, 유리수의 조밀성에 대해서 생각해 봅니다. 칸토어가 사용했다는 대각화 증명을 이용하여 유리수를 적절히 배열하고 자연수와 일대일 대응을 시켜봅니다. 놀랍게도 유리수 집합이 자연수나 정수 집합과 같은 기수를 갖는다는 것을 확인할 수 있습니다.
- 관련 교과 단원 및 내용

– 3–가 '수와 연산' 단원에서 분수의 의미를 이해합니다.

– 3–나, 6–가 '분수와 소수' 단원에서 소수가 무엇인지 알고 분수와 소수의 관계를 이해합니다.

– 7–가 '정수와 유리수' 단원에서 유리수의 정의를 익힙니다.

– 8–가 '유리수와 소수' 단원에서 유리수와 유한소수, 순환소수와의 관계를 알고, 유리수의 조밀성을 배웁니다.

– 수 I '수열과 극한' 단원에서 나오는 극한 개념을 이 수업에 간단히 도입하여 순환소수와 유리수의 관계를 설명합니다.

다섯 번째 수업 _ 가산집합 셀 수 있는 집합

형상수와 '페아노 공리'를 통해 자연수를 좀 더 살펴보고, 무한집합 중 가산집합셀 수 있는 집합이 무엇인지 알아봅니다. 가산집합에 관련된 여러 정리를 통해 무한집합의 놀라운 성질을 배웁니다.

- 선수 학습 : 자연수, 규칙 찾기, 유한집합, 무한집합, 자연수와 대등한 집합
- 공부 방법 : 자연수를 도형으로 표현했던 피타고라스학파의 형상수를 관찰하며 규칙을 찾아보고, 자연수를 논리적으로 설명했던 '페아노 공리'의 내용을 알아봅니다. 무한집합의 한 종류인 자연수 집합과 같은 기수를 갖는 집합들이 특별히 가산집합으로 불린다는 것을 배우고 가산집합의 여러 가지 성질에 대해서 자세히 알아봅니다.
- 관련 교과 단원 및 내용

– 4–가 '문제 푸는 방법 찾기' 단원과 관련하여 규칙을 추측하고 말이나 글로 표현하게 됩니다.

– 10–가 '집합과 명제' 단원에서 명제의 뜻을 이해하고 가산집합의 여러 정리들을 증명하게 됩니다.

– 수학 I '수열과 극한' 단원에 나오는 수학적 귀납법의 원리가 다섯 번째 '페아노 공리'임을 알게 됩니다.

여섯 번째 수업_실수의 기수

무리수와 실수에 대해서 알아봅니다. 실수를 그림으로 나타낸 직선이 그 길이가 다른 선분과 일대일 대응을 이룬다는 것을 그림으로 확인하고, 실수와 같은 기수를 갖는 0과 1 사이의 모든 실수가 가산집합이 아님을 증명합니다.

- 선수 학습 : 제곱근, 무리수, 유리수, 피타고라스의 정리, 합집합, 교집합, 공집합, 무한소수, 비순환소수
- 공부 방법 : $\sqrt{2}$를 예로 무리수에 대해서 생각해 보고 데데킨트의 '유리수 절단'을 이용해 무리수의 정의를 배웁니다. 실수를 유리수와 무리수의 합집합으로 이해한 후 실수를 그림으로 나타낸 직선과 그 길이가 다른 선분이 일대일 대응하는 것을 그림으로 확인합니다. 실수와 같은 기수를 가지는 0과 1 사이의 모든 수에 대해 귀류법과 대각선 논증을 이용하여 가산집합이 아님을 증명합니다. 그리고 연속체 기수에 대한 용어를 익힙니다.
- 관련 교과 단원 및 내용
  - 7-가 '집합' 단원에서 합집합 개념을 이해합니다.
  - 9-가 '실수' 단원에서 제곱근 개념을 통해 무리수를 배우고, 실수가 유리수와 무리수의 합집합임을 익힙니다. 실수와 수직선의 관계를 이해합니다.

일곱 번째 수업 _ 직선과 평면의 기수

선분과 선분 사이의 일대일 대응 관계를 이해하고, 1차원 직선과 2차원인 평면 위의 점의 개수가 서로 같음을 데카르트 좌표를 이용하여 증명해 봅니다.

- 선수 학습 : 일차함수, 실수의 대소 비교, 선분, 직선, 평면, 데카르트 좌표, 순서쌍, 일대일 대응, 기수, 대등
- 공부 방법 : 일차함수 $y=2x$를 이용하여 길이가 다른 두 선분이 서로 일대일 대응임을 배우고, 데카르트 좌표를 이용하여 점을 나타내는 방법을 익힙니다. 이를 통해 직선과 같은 기수를 갖는 닫힌구간 [0, 1] 위에 있는 모든 점과 한 변의 길이가 1인 정사각형 위의 모든 점들이 각각 일대일 대응임을 확인합니다. 즉 다른 차원인 직선과 평면이 같은 기수를 갖는 집합임을 알 수 있습니다.
- 관련 교과 단원 및 내용

- 7-가 '함수' 단원에서 함수의 개념을 이해하고 순서쌍과 좌표에 대해서 알아야 합니다.
- 8-가 '일차함수' 단원에서 일차함수의 뜻과 그래프의 성질을 알고 있어야 합니다.

여덟 번째 수업 _ 칸토어의 고민

어떤 집합의 부분집합 개수를 구하는 방법을 알고 모든 부분집합의 집

합을 생각해 봅니다. 칸토어를 힘들게 한 연속체 가설이 무엇인지 알아봅니다.

- 선수 학습 : 집합, 부분집합, 원소의 개수, 부분집합의 개수, 이진법, 수열, 모순
- 공부 방법 : 칸토어가 무한에 대한 아이디어를 얻을 수 있었던 유대교 신비주의 카발라에 대한 설명을 편하게 읽습니다. 부분집합의 개수를 구하는 식을 배우고 멱집합의 의미를 배웁니다. 정수의 멱집합과 실수의 관계를 이해하고 연속체 가설에 대해서 알게 됩니다. 칸토어를 고통스럽게 했던 연속체 가설의 증명이 불가능하다는 것을 알려주었던 괴델의 불완전성 정리를 소개합니다.
- 관련 교과 단원 및 내용

– 7–가 '집합과 자연수' 단원에서 이진법에 대해서 배웁니다.

– 7–가, 10–가 '집합' 단원에서 부분집합과 부분집합의 개수를 구하는 식에 대해서 배웁니다.

– 수 I '수열과 극한' 단원에서 수열의 의미와 예를 알아봅니다.

아홉 번째 수업_무한과 패러독스

제논의 역설과 집합론에 나타난 러셀의 패러독스에 대해서 알아봅니다.

- 선수 학습 : 명제, 수열, 극한, 집합 기호
- 공부 방법 : 거짓말쟁이 크레타인의 낙서, 아킬레스와 거북이의 경

주, 화살의 패러독스 등 고대 패러독스들을 즐겁게 읽습니다. 제논의 패러독스를 해결해 주었던 수렴과 극한 개념을 살펴보고 무한급수에 대해서 간단히 배웁니다. 집합론에서 발생한 러셀의 패러독스를 통해 집합론의 한계를 이해하고 이를 극복하기 위한 수학자들의 노력과 열정을 생각해 봅니다.

• 관련 교과 단원 및 내용

– 7-가, 10-가 '집합' 단원에서 조건제시법을 알고 '자기 자신을 원소로 갖지 않는 모든 집합의 집합'을 생각해 봅니다.

– 수학 I '수열과 극한' 단원에서 수열, 무한수열, 극한, 수렴의 개념을 공부하고 무한급수에 대해서 이해합니다. 수렴하는 무한급수의 합을 계산합니다.

칸토어를 소개합니다

Georg Cantor (1845~1918)

집합과 무한에 대한 연구로

현대 수학의 토대를 마련한 사람이 나 칸토어입니다.

학자들은 그리스 시대부터 연구를 하면서

무한이 나타날 때마다 오류를 발견했고 곤란을 당해 왔지요.

그러나 나는 무한에 대한 연구를 계속했고,

놀라운 무한의 성질을 밝혀내고 말았습니다.

3년의 세월을 허비하며 직선과 평면 위 점의 개수가 같다는 사실까지 알아냈지요.

할레의 중심지에서 멀지 않은 곳의 주택 단지에는

나를 기념하기 위한 기념판이 있습니다.

가장 아래에 바로 내가 데데킨트에게 보낸 편지에 있는 글이 적혀 있지요.

"수학의 본질은 자유에 있다."

안녕하세요! 잘 지냈나요? 난 집합론의 아버지 칸토어입니다.

"누구~?"

음, 날 모르는 친구들이 있군요. 〈수학자가 들려주는 수학 이야기 02 - 칸토어가 들려주는 집합 이야기〉를 못 본 친구들이 있나 보네요. 난 수학을 많이 공부한 사람들 사이에선 아주 유명한 수학자랍니다.

여러분들이 중학교에 입학해서 가장 먼저 배우는 수학 내용이 무엇인지 아나요? 바로 집합입니다. 이 집합과 무한에 대한 연구로 현대 수학의 토대를 마련한 사람이 나 칸토어입니다. 집합은 내가 연구하기 전에도 다룬 사람들이 있었지만 무한집합을 다루어 수학의 새로운 세계를 연 사람은 내가 처음이었지요.

지금부터 나에 대해서 자세히 소개하겠습니다. 잘 들어주세요.

나의 전체 이름은 게오르그 페르디난트 루드비히 필립 칸토어Georg Ferdinand Ludwig Philip Cantor입니다. 이름이 많이 길지요? 그래서 대부분 나를 칸토어 혹은 칸토르라고 부릅니다. 난 1845년 3월 3일에 러시아의 페테스부르그에서 태어났어요. 아버지는 부유한 상인이었고 어머니는 예술적 감각이 뛰어난 분이셨지요. 외가, 친가 모두 예술적 재능이 뛰어났기 때문에 나는 어릴 때부터 음악, 미술을 많이 접하며 자랐습니다.

아버지, 어머니 두 분 모두 유대인의 후예로, 나에게는 유대인의 피가 흐르고 있습니다. 우리 유대인들 중에 아인슈타인과 같이 똑똑한 사람들이 많다는 것은 알고 있지요?

내가 12살이 되던 해 아버지 건강을 위해서 우리 가족은 독일의 프랑크푸르트로 이사를 했어요. 김나지움독일의 중고등학교을 다니면서 나는 수학, 철학에서 두각을 나타냈습니다. 난 수학을 하는 것이 즐거웠고, 수학자가 되고 싶은 마음을 갖게 되었어요.

여러분들은 지금 어떤 꿈들을 가지고 있나요? 15살 때 난 가족들에게 수학자가 되고 싶다는 말을 했어요. 아버지는 물론 나의 재능을 인정하셨지만 현실적인 문제를 생각할 때 공학 쪽으로 나가기를 원하셨습니다. 수학에 머무르지 말고 물리학이나 천문학까지 공부하라고 말씀하셨지요. 그래서 일단 아버지 뜻을 따르기로 결정했습니다.

1862년 2월에 김나지움을 졸업할 때 나는 아주 우수한 성적을 받았고, 취리히 공과대학에 입학했습니다. 그러나 수학에 대한 열정을 영원히 감출 수는 없었죠. 결국 아버지를 설득하여 대학교에서 수학을 배우기 시작했고, 아버지가 돌아가신 후에 최고 권위를 가진 베를린 대학으로 옮기게 되었습니다.

베를린 대학에서 난 바이어슈트라스, 쿠머, 크로네커 교수님 등 유명한 분들에게 수업을 받았습니다. 그리고 마침내 정수론에 관련된 주제로 1867년에 박사학위를 받았습니다. 그 당시 나는 바이어슈트라스의 영향을 받아 주로 삼각함수 이론에 관심이 많았습니다. 물론 그때는 특별히 튀는 연구를 하지도 않았지요. 박사학위를 받은 후 할레 대학에서 강사를 맡아달라는 부탁을 받아 프리바트도첸트라는 초급 강사직을 시작했어요. 이

일은 과외처럼 수업을 받는 학생들에게 수강료만 받고 가르치는 것이었습니다.

할레 대학은 아주 훌륭한 대학이 아니어서 세미나도, 토론도 거의 없었어요. 그래서 난 늘 베를린 대학에 가려고 노력했지만 결국 가지 못했습니다. 내 인생 최대의 걸림돌이 있었기 때문이죠.

할레에 처음 머무를 무렵 나는 사랑하는 내 아내와 결혼을 했고, 스위스에서 신혼여행을 하는 동안 평생 나를 지지해 준 친구 데데킨트를 만났습니다. 그리고 이 시기에 수학을 새로운 낙원으로 이끈 '집합론'을 논문으로 처음 발표하기 시작했습니다.

수학자들도 보통 서로서로 자신의 연구를 발표하고 공유하며 자신의 연구를 발전시키는 것이 일반적이지만 나는 할레 대학에서 논의할 사람이 없었기 때문에 혼자 '집합론'을 연구했습니다. 후에 집합론은 크게 인정받게 되었지만 그 당시에는 충격적인 이론으로 여겨지면서 시련이 시작되었습니다. 내가 발표한 논문에 등장하는 무한이 문제였습니다.

수학자들은 그리스 시대부터 연구를 하면서 무한이 나타날 때마다 오류를 발견했고 곤란을 당해왔습니다. 그러다 보니 무한을 직접적으로 다룬다는 것이 금기시되고 있었습니다. 그래서 무한은 ∞ 기호 하나에만 의지해서 홀로 남겨져 있었지요.

그런데 내가 무한을 분류하고 무한을 가지고 셈을 하고 있었으니 수학자들은 무척 놀랐습니다. 거기다 증명 방법 역시 아무도 사용하지 않던 새로운 것이었으니…….

내 인생 최대의 적이라고 알려진 사람이 바로 이때 등장했습니다. 그 사람은 놀랍게도 베를린 대학 시절 스승님이었던 크로네커 교수였어요. 크로네커 교수가 내가 존경하는 바이어슈트라스 교수와 수학 이론에 대한 생각이 완전히 다른 것은 알고 있었지만 그분에게 당한 고통은 무척이나 컸습니다. 나의 새로운 이론을 싫어하다 못해 발표하기도 어렵게 만들었고, 내가 베를린 대학 교수직을 얻지 못하게 했습니다.

그나마 내 친구 미타그-레플러 덕분에 나의 첫 이론을 저널 〈악타 마테마티카〉에 실을 수 있었습니다. 미타그-레플러는 노벨이 너무 싫어하는 수학자여서 노벨 수학상을 만들지 않은 원인을 제공한 것으로 유명한 친구입니다.

비록 노벨 수학상은 없지만 다행히 수학자들에게는 필즈상이라는 명예로운 상이 있답니다. 사실 미타그-레플러는 연구 발표를 싫어하는 바이어슈트라스 교수의 연구 결과를 세상에 알리고, 나의 연구 발표도 도와준 좋은 친구였습니다. 그나마 이 친구와의 관계도 크로네커 교수의 방해로 나중엔 깨지고 말았지만 말이지요.

이러한 시련 속에서도 나는 연구를 계속했고 무한의 놀라운 성질들을 더욱 밝혀내고 말았습니다. 3년의 세월을 허비하며 직선과 평면 위 점의 개수가 같다는 사실까지 알았을 땐 데데킨트에게 이런 편지를 쓰게 되었지요.

최근 자네에게 알린 것은 나 자신에게도 너무나 의외이고, 경애하는 친구가 이렇게 오랫동안 확실히 그렇다는 대답을 해 주지 않기 때문에……, 내가 말할 수 있는 것은 단지 이 한마디라네.

"나는 보았지만 믿지 않는다."

발견한 나조차 받아들이기 힘든 내용이었으니 다른 수학자들의 반응은 예상할 수 있었습니다.

베를린 대학이나 괴팅겐 대학으로 가고자 하는 나의 끊임없는 노력은 계속해서 받아들여지지 않았고 그때마다 참담한 기분이 계속 쌓이자 자주 감정이 폭발하게 되었습니다. 내 가족에게는 물론 정말 따뜻하고 부드러웠지만 수학자들에게는 그렇지 않았어요. 그래서 친구는 줄고 적은 더 늘어갔지요. 그리고 이 와중에 나는 무한의 세계에서 최대 난간에 부딪혔습니다. '연속체 가설' 에 대한 연구가 시작된 것이지요.

1884년부터 나는 정신에 이상이 생겨 대학과 정신병원을 오가는 생활이 시작되었습니다. 정신병원이라고는 하지만 할레 네르벤 클리닉은 요양원에 가까웠어요. 독실에서 연구도 계속할 수 있었으니까요. 할레 대학의 배려로 병원을 오가면서도 계속 교수직을 유지할 수 있었습니다. 내 병명은 조울증이라고 알려졌는데, 우리 가족이나 조상 중에는 이 병을 앓았다는 사람이 없습니다. 한 가지 분명한 것은 내가 '연속체 가설' 을 연구할 때마다 우울증에 사로잡혔다는 것입니다. 어떤 내용인지 궁금하지요? 그것은 수업 시간에 알려주겠습니다. 비록 여러 번의 입원과 퇴원을 반복하다 병실에서 생을 마감했지만 죽을 무렵에는 크로네커와도 화해했고 지지자들도 많아졌습니다. 그리고 후배 수학자들이 '연속체 가설' 을 왜 해결할 수 없었는지 밝혀

냈고 계속해서 무한에 대한 연구를 이어나가고 있습니다.

할레의 중심지에서 멀지 않은 곳의 주택 단지에는 1970년에 붙여 놓은 청동 기념판이 있습니다. 이것은 나를 기념하기 위해 사람들이 만든 것입니다. 그 기념판에는 내 얼굴과 대각선 논법을 알려주는 수의 배열과 화살표가 있습니다. 그리고 그 아래에는 연속체 가설을 나타내는 수학식이 적혀 있습니다. 그리고 가장 아래에는 바로 다음의 문장이 적혀 있습니다. 내가 데데킨트에게 보낸 편지에 있는 바로 그 글이지요.

"수학의 본질은 자유에 있다."

우리가 다루는 수학은 자유로움에 뿌리를 두고 있어요. 나는 이 자유를 만끽하며 새로운 세상을 펼친 또 하나의 수학자입니다.

이제 무한에 대해서 설명을 시작하겠습니다. 수업을 듣다 보면 어렵다고 생각했던 무한이 생각보다 쉽다는 것을 알게 될 것입니다. 우리 함께 무한에 도전해 봅시다. 그래! 가는 거야!

안녕하세요.
나는 집합과 무한에 대한 연구로 현대 수학의 토대를 마련한 칸토어입니다.
나는 15살에 나의 진로를 정했습니다.
저는 수학자가 되고 싶습니다.
네가 수학에 재능이 있는 건 알고 있지만 수학에 머무르지 말고 물리학이나 천문학까지 공부해 보거라.
네! 아버지.
나는 아버지의 뜻에 따라 취리히 공과대학에 입학했지만 대학에서 다시 수학을 배우기 시작했죠.
취리히 입 축 학 공과대학

나는 당시 최고의 권위를 가진 베를린 대학에서 바이어슈트라스, 쿠머, 크로네커 교수님 등 여러 유명한 분들에게 수업을 받았습니다.

나는 '정수론'으로 수학 박사 학위를 따고 '집합론'을 논문으로 발표했답니다.
무한도 분류를 할 수 있고 셈도 할 수 있습니다.
정수론
저자 칸토어

흑흑! 난 정신병자가 아니야.
사람들이 내 연구결과를
비웃는 걸 슬퍼할 뿐이란
말이오.

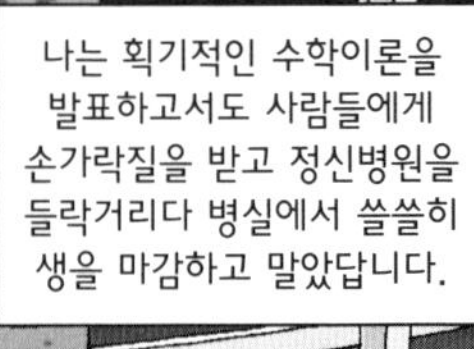

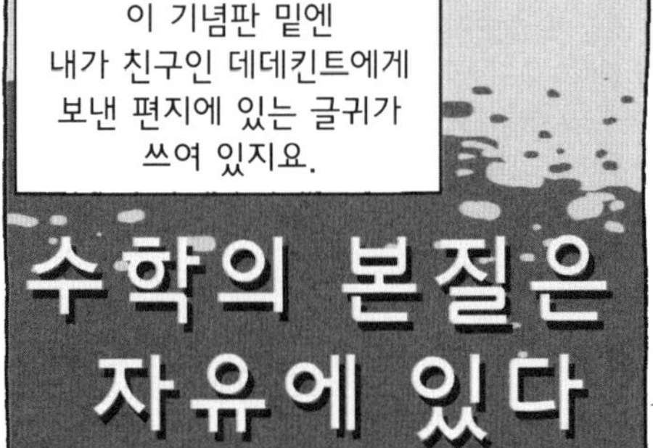

유한집합과 무한집합

집합은 무엇일까요?

유한집합과 무한집합에 대해서 알아봅시다.

1. 집합의 의미를 이해하고 집합에 관련된 용어와 기호를 알아봅니다.
2. 집합을 유한집합과 무한집합으로 나누어 봅니다.

미리 알면 좋아요

1. **수학 기호** 수학의 개념, 명제, 계산의 뜻을 나타내기 위하여 쓰이는 부호, 문자, 표지 따위를 통틀어 이르는 말.

   예를 들어, 우리는 기호 $+$, $-$가 덧셈, 뺄셈을 나타낸다는 것을 잘 알고 사용하고 있습니다. 옛날부터 사람들은 자신의 부족이나 가문을 나타내기 위해 특별한 그림이나 글자 모양을 만들었습니다. 자신의 지식이나 감정, 의지를 표현하기 위해 기호를 만들어 나갔지요. 요즘은 컴퓨터나 휴대전화로 인해 여러 가지 의미를 갖는 새로운 기호가 만들어지고 있습니다. 수학에서도 16세기 프랑스 수학자 비에트가 적극적으로 기호를 사용하기 시작하면서 기호는 모든 수학의 개념과 용어 등을 표현하는 데 편리하게 사용되고 있습니다.

2. **자연수** 1, 2, 3 등과 같이 1부터 시작하여 하나씩 더하여 얻는 수를 통틀어 이르는 말.

   예를 들어, 내가 가진 물건의 개수를 알고 싶을 때 우리는 손가락을 이용해서 개수를 세게 됩니다. 하나, 둘, 셋, 넷, …. 자연수는 수의 발생과 동시에 있었다고 생각되는 가장 소박한 수입니다. 우리에게 가장 친근한 수로 항상 생활 속에서 사용되고 있지요. 그런데 자연수로 계산을 해 보면 사실 덧셈과 곱셈은 자유롭게 할 수 있지만, 뺄셈과 나눗셈을 할 경우 계산의 답이 자연수로 나오지 않는 경우가 생깁니다. 자연수는 쓰임새가 아주 많아요. 사물의 크고 작은 정도를 나타내는 목적으로 사용된 경우에는 '기수', 순서를 나타내는 목적으로 사용된 경우에는 '서수'라고 부르며 곳곳에서 이용됩니다.

칸토어는 첫 번째 만남을 기념하기 위해 아이들을 데리고 바닷가로 갔습니다.

오늘 첫 번째 수업은 바닷가에서 즐거운 마음으로 집합에 대해서 여러 가지를 배우겠습니다.

바닷가에 오니 많은 사람들이 물놀이를 하고 있네요. 우리도 수업이 끝나면 물놀이를 할 거예요. 여러분들은 수영을 할 줄 아나요? 수영을 잘하는 사람은 손을 들어 보세요.

금방 손을 드는 아이들도 있고 한참 생각을 하며 손을 들까 말까 주저주저하는 아이들도 있었습니다.

바로 손을 든 학생들도 있었지만 많은 친구들이 손을 들어야 하나 말아야 하나 고민을 하고 있군요. 그 이유는 내가 던진 질문의 기준이 분명하지 않기 때문입니다.

'수영을 잘하는 사람' 이라고 말하면 어느 정도로 잘하는 사람을 가리키는 것인지 정확히 알 수 없습니다. 박태환 선수처럼 잘하는 사람을 말하는지, 수영을 어느 정도 배운 사람을 말하는지 분명하지가 않지요.

그럼, 오늘 여러분들은 바닷가에 오면서 수영복을 가지고 왔나요? 수영복을 가지고 온 사람들은 손을 들어 보세요.

7명의 아이들 중 3명이 손을 바로 들었습니다.

모두 3명의 학생들이 손을 쉽게 들었군요. 이 질문은 '수영복을 가지고 왔다' 또는 '수영복을 가지고 오지 않았다' 라는 분명한 기준이 있기 때문에 손을 들어야 할지 말아야 할지 판단이 가능합니다.

오늘 우리가 배울 집합은 '수영복을 가지고 온 사람들의 모임' 처럼 주어진 기준이나 조건에 의하여 그 대상을 분명히 말할 수 있는 모임입니다.

'수영을 잘하는 사람들의 모임' 과 같이 어떤 모임에 속하는지 아닌지 판단하는 것이 분명치 않은 모임은 집합이라 말하지 않습니다.

즉 '우리 반에서 키가 큰 학생들의 모임' 은 집합이 아니지만 '우리 반에서 키가 160cm 이상인 학생들의 모임' 은 집합이 됩니다.

▨집합의 표현과 기호

'5보다 작은 자연수의 모임' 은 집합일까요?

그렇습니다. 1, 2, 3, 4라는 숫자들이 이 집합을 이루고 있습니니다. 이때 1, 2, 3, 4처럼 어떤 집합을 이루는 대상 하나하나를 그 집합의 **원소**라고 합니다.

집합은 영어 대문자로 나타내며, 기호{ }를 이용하여 표현합니다.

'5보다 작은 자연수의 모임' 을 집합 A라고 하면 다음과 같이 나타낼 수 있습니다.

$A=\{1, 2, 3, 4\}$

그럼, '3은 집합 A의 원소입니다' 를 기호로 나타내 볼까요?

$3\in A$

그럼, 6처럼 집합 A에 속하지 않는 원소는 어떻게 나타낼까요?

$6\notin A$

칸토어는 바닷가에 놓여 있던 조개껍데기을 보여주며 설명을 계속했습니다.

'바다 속에 사는 동물들의 모임' 은 집합일까요?

물론 집합입니다. 그런데 바다 속에 사는 동물은 아주 많습니다. 따라서 이 집합은 새우, 게, 모시조개, 참치, 날치 등 물고기, 조개류뿐만 아니라 고래 같은 포유류까지 너무나 많은 원소를 가지고 있습니다. 이런 집합의 원소를 일일이 다 적어서 나열한다면 쓰다가 지치겠지요? 그래서 다음과 같이 생략표시 …를 사용하게 됩니다.

{새우, 게, 모시조개, 참치, 날치, 고래, …}

집합을 나타낼 때 {1, 2, 3, 4}처럼 원소를 일일이 나열하여 표현하는 것을 **원소나열법**이라고 합니다. 그러나 '바다 속에 사는 동물들의 모임' 같은 집합을 원소나열법을 사용하여 표현하면 원소가 너무 많아 집합을 정확히 나타내기 어렵습니다. 그래서 집합을 이루는 데 필요한 조건을 제시하여 표현하는 **조건제시법**을 사용할 수 있습니다.

즉 $\{x \mid x$는 바다 속에 사는 동물$\}$이라고 조건제시법으로 표현하면 집합에 어떤 원소들이 속하는지 정확히 나타낼 수 있습니다.

원소나열법으로 쓰여진 $A=\{1, 2, 3, 4\}$를 조건제시법으로 나타내 봅시다.

$\{x \mid x$는 5보다 작은 자연수$\}$

집합을 잘 나타낼 수 있도록 원소나열법이나 조건제시법을 적절히 사용하면 됩니다.

집합 $A=\{1, 2, 3, 4\}$에 속하는 원소 1, 2, 3, 4는 모두 자연수입니다. 이럴 때, 집합 A는 자연수 집합과 어떤 관계가 있다고 말할까요?

어떤 한 집합의 모든 원소가 다른 집합의 원소에 속할 때 그 두 집합 사이에 '포함한다' 라는 말을 사용합니다.

$A=\{1, 2, 3, 4\}$

$B=\{x \mid x$는 자연수$\}$

두 집합이 위와 같을 때 집합 A의 모든 원소는 집합 B에 속하므로 '집합 B는 집합 A를 포함한다' 라고 하고 기호로 $A \subset B$ 라고 나타냅니다. 이것은 집합 A가 집합 B의 부분집합이라는 것을 의미합니다.

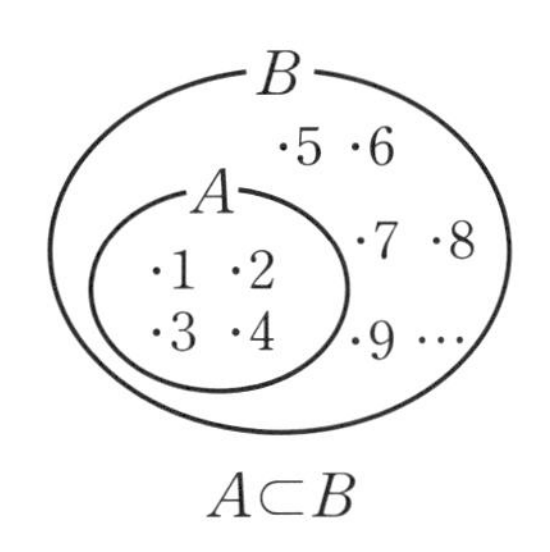

$A \subset B$

그러나 집합 C와 D가 다음과 같다고 해 봅시다.

$C=\{2, 3, 4, 5\}$

$D=\{2, 4, 6, 8\}$

이때 두 집합 C와 D는 서로 포함하지 않습니다. 즉 $C \not\subset D$, $D \not\subset C$입니다.

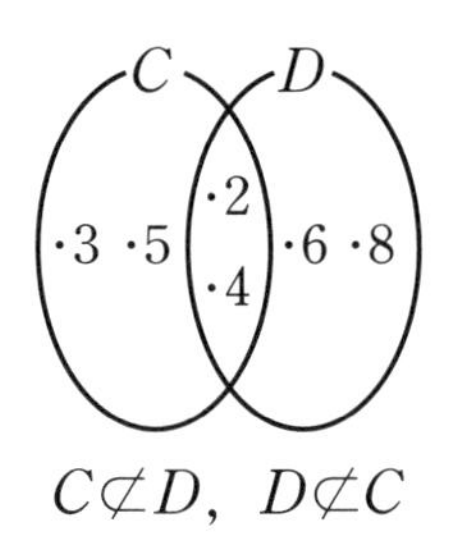

$C \not\subset D,\ D \not\subset C$

집합 C와 D가 서로 부분집합이 되지는 않지만 두 집합의 원소들 중에는 집합 C, D에 공통으로 속하는 것들이 있습니다.

예를 들어 2는 $2 \in C$이고 $2 \in D$입니다.

이렇게 두 집합의 공통인 원소들로 이루어진 집합을 '교집합' 이라고 합니다. 이런 C와 D의 교집합을 다음과 같이 나타냅니다.

$C \cap D=\{2, 4\}$

집합에서 사용되는 여러 기호 중 ∩는 교집합[1]을 나타내는 기호로, 주어진 집합에 공통으로 속하는 원소들로 이루어진 집합을 의미합니다.
교집합 기호 ∩를 거꾸로 놓은 것 같은 기호 ∪는 집합에서 어떤 의미를 가질까요?

1
교집합 두 개 이상의 집합에 동시에 속하는 원소 전체로 이루어진 새로운 집합.
합집합 두 개 이상의 집합의 모든 원소로 이루어진 새로운 집합.

기호 ∪는 합집합[1]을 나타내는 기호입니다. 두 집합 C와 D에 속한 모든 원소로 새로운 집합을 만든다면 이 집합을 집합 C와 D의 합집합이라 하고 기호로는 다음과 같이 나타냅니다.

$$C \cup D = \{2, 3, 4, 5, 6, 8\}$$

이 밖에도 집합 A의 원소의 개수를 나타낼 때 $n(A)$라는 기호가 사용됩니다. $n(A)$는 집합 A의 원소의 개수를 의미합니다. 집합 $A = \{1, 2, 3, 4\}$에서 원소의 개수는 모두 4개이므로 다음과 같이 나타낼 수 있지요.

$$n(A) = 4$$

▨ 유한집합과 무한집합

칸토어와 아이들은 바닷가에서 물놀이를 한 후, 해안가에서 모래를 가지고 여러 가지 놀이를 하며 즐거운 시간을 보냈습니다. 숙소로 돌아오는 길에 칸토어는 아이들에게 다음과 같은 질문을 하였습니다.

이 해안가에 있는 모래는 모두 몇 개일까요?

"너무 많아서 알 수가 없어요."

너무 많다고 해서 이 해안가에 있는 모래가 모두 몇 개인지 셀 수 없을까요?

바다 속에 사는 동물의 집합을 다시 생각해 봅시다.

어류의 종류만 해도 2만여 종이 있다고 하는데 바다 속에는 어류 외에도 그 크기가 0.5~1.0mm인 물벼룩과 같이 몹시 작은 동물 플랑크톤부터 최대 길이가 33m에 몸무게가 179톤이나 나간다는 포유류, 흰긴수염고래까지 크기와 모양이 다른 수많은 생물이 살고 있습니다.

너무나 많은 동물들이 바다 속에 살고 있지만 생물학자들이 이런 모든 동물들을 조사하고 정리하기 위해 바다 동물의 수를 세는 것에는 한계가 있습니다.

이 해안가 모래의 개수를 세는 것은 바다 동물의 수를 헤아리는 것보다 더욱 어려울 것입니다.

전체 모래의 개수를 나타내려면 너무나 큰 수가 필요합니다. 여러분은 경이나 해, 무량수에 대해서 들어 본 적이 있나요? 사실 1조만 해도 1억의 만 배로 $10^{12}=1,000,000,000,000$ 즉 0이 12개나 있는 큰 수입니다. 경은 1조의 만 배로 10^{16}이고 해는 1경의 만 배로 10^{20}이니까 아주 큰 수입니다. 게다가 무량수는 10^{68}으로 알려져 있으니 얼마나 큰 수인지 짐작조차 안 됩니다. 하지만 이렇게 큰 수를 이용하여 모래의 개수를 헤아린다 하더라도 결국 그 개수를 세다 보면 끝이 있습니다. 아무리 많아 보이고 세기 어렵더라도 모래의 개수에도 결국 그 한계가 있습니다.

그럼, 이제 우리가 사용하는 숫자들 중에 2의 배수를 한 번 생각해 봅시다.

$\{x \mid x\text{는 } 2\text{의 배수}\} = \{2, 4, 6, 8, 10, 12, 14, \cdots\}$

이처럼 어떤 숫자들을 말하는지 머릿속으로는 분명히 떠올릴 수 있지만 2의 배수가 모두 몇 개인지는 알 수 없습니다. 2의 배수를 아무리 헤아리려 해도 계속해서 더 큰 수가 나타나서 끝이 없기 때문입니다.

2의 배수의 모임처럼 수나 양, 공간, 시간 따위에 제한이나 한계가 없을 때 우리는 무한無限이라는 말을 사용합니다. 끝없이 재미있게, 다소 무모한 도전을 계속하며 웃음을 주는 어떤 예능 프로그램 이름이 바로 '무한 도전' 입니다.

탱크, 불도저같이 험한 길이나 비탈길에서 움직여야 하는 특수차에는 바퀴의 둘레에 강판으로 만든 벨트를 걸어 놓은 장치가 있는데 이 장치를 '무한궤도' 라고 합니다.

무한이란 한계가 없이 반복되거나 끝없이 계속되는 것들을 나타내는 단어입니다.

집합에도 '무한' 이라는 단어를 붙인 '무한집합' 이 있습니다. 아까 예를 들었던 2의 배수의 모임처럼 집합의 원소를 다 헤아릴 수 없는 집합을 무한집합이라고 합니다.

우리가 늘 사용하는 자연수는 물론 무한집합입니다. 분명히 자연수는 유한집합처럼 원소 하나하나를 셀 수 있습니다. 그러나 그 원소가 모두 몇 개인지 총 개수를 헤아릴 수는 없습니다.

자연수처럼 원소 하나하나에 번호를 붙이듯이 셀 수 있는 무한집합도 있고, 수를 하나하나 셀 수 없는 무한집합도 있습니다. 어떤 집합이 유한집합인지 무한집합인지 구분하는 기준은 전체 원소의 개수를 모두 헤아릴 수 있는지 없는지입니다.

여기 두 개의 집합이 있습니다. 이 중 무한집합은 무엇일까요?

$A=\{x \mid x$는 10000000000보다 작은 자연수$\}$

$B=\{x \mid x$는 10000000000보다 큰 자연수$\}$

"집합 B가 무한집합이에요."

집합 A의 원소도 그 개수가 무척 많기는 하지만 한계가 있는 반면, 집합 B는 그 원소의 개수가 무한개임을 알 수 있습니다. 즉 집합 B가 무한집합입니다.

집합 A처럼 원소의 개수가 모두 몇 개인지 그 한계가 있는 집합을 유한집합이라고 합니다.

$\{x \mid x$는 바다 속에 사는 동물$\}$

$\{x \mid x$는 전 세계 인구$\}$

이와 같은 집합은 전체 원소의 수를 아는 것이 어렵겠지만 모두 헤아릴 수 있기 때문에 유한집합입니다.

$\{x \mid x$는 1보다 작은 자연수$\}$

$\{x \mid x$는 우리나라에서 키가 3m 이상인 사람$\}$

앞의 두 집합은 유한집합일까요? 무한집합일까요?

"음……, 두 집합 모두 원소가 하나도 없어요. 이런 것도 유한집합이라고 해야 할까요?"

이렇게 원소가 하나도 없는 집합은 유한집합으로 생각하고 특별히 그 이름을 공집합이라고 합니다. 공집합은 원소가 하나도 없는 집합으로, 모든 집합의 부분집합이고, 기호 ϕ로 나타냅니다.

첫 번째 수업에서 우리는 집합의 의미와 여러 가지 기호에 대해서 알아보았고, 공집합, 유한집합, 무한집합에 대해 공부했습니다. 다음 시간부터 본격적으로 집합론의 아버지인 나 칸토어와 함께 집합과 무한의 세계로 여행을 떠나 봅시다.

첫 번째 수업 정리

❶ **집합** 주어진 기준이나 조건에 의하여 그 대상을 분명히 말할 수 있는 모임입니다.

❷ **집합을 나타내는 방법** 원소를 일일이 나열하여 표현하는 '원소나열법'과 집합을 이루는 데 필요한 조건을 제시하여 나타내는 '조건제시법'이 있습니다.

❸ **집합 기호**

- 어떤 집합에 속하는 원소가 다른 집합에 모두 속할 때 두 집합 사이에 '포함한다'고 하고, 기호 '⊂'를 사용합니다. 이때 포함되는 집합을 포함하는 집합의 부분집합이라고 말합니다.
- 여러 집합 사이에 공통으로 속하는 원소들로 이루어진 집합을 교집합이라 하고, 기호 '∩'로 나타냅니다.
- 여러 집합에 있는 모든 원소들로 이루어진 집합을 합집합이라

하고, 기호 '∪' 로 나타냅니다.

- 집합 A의 원소의 개수를 나타낼 때 '$n(A)$' 라 합니다. 이것은 집합 A의 원소의 개수를 의미합니다.

❹ **집합의 종류** 어떤 집합 원소의 개수가 유한개일 때 '유한집합', 무한개일 때 '무한집합' 이라고 합니다. 원소가 아무것도 없는 집합은 '공집합' 이라고 합니다. 공집합은 모든 집합의 부분집합이며 유한집합으로 분류합니다.

집합의 기수

유한집합 원소의 개수를 세 본 적이 있나요?
유한집합과 무한집합의 기수가 무엇인지 알아봅시다.

두 번째 학습 목표

1. 두 집합 사이의 대응관계를 이해하고, 일대일 대응에 대해서 알아봅니다.
2. 유한집합과 무한집합의 기수에 대해서 알아봅니다.

미리 알면 좋아요

1. **대응** 일반적으로 어떤 두 대상이 주어진 관계에 의하여 서로 짝을 이루는 것. 수학에서는 두 집합 사이에서 한 집합의 원소에 다른 집합의 원소가 하나씩 정해지는 것을 가리킴.

   예를 들어, 연필 한 자루 가격이 500원일 때 연필 2자루는 $500\times2=1000$원, 연필 10자루는 $500\times10=5000$원입니다. 연필의 개수에 따라 총 가격이 결정되는 것처럼 하나의 대상이 다른 대상과 주어진 관계에 의하여 서로 짝을 이루는 것을 대응이라고 합니다.
   형의 나이가 동생보다 3살 많다면 형이 11살일 때 동생의 나이가 8살이라는 것을 우리가 바로 맞힐 수 있는 것처럼 대응 관계는 곳곳에서 찾을 수 있습니다.

2. **개수** 한 개씩 낱으로 셀 수 있는 물건의 수.

   예를 들어, 어린 아이 때부터 사람은 자신이 갖고 있는 물건이나 주변에 보이는 사물이 몇 개인지 수를 셉니다. 가지고 있는 물건의 양을 비교할 때 개수를 세는 것은 가장 쉬운 방법입니다.
   수학에서도 어떤 집합의 성질을 살피고자 할 때 가장 기본적으로 그 집합 원소의 개수가 몇 개인지 헤아려 봅니다. 이 단원에서는 집합 원소의 개수를 일컫는 여러 가지 단어를 배우게 됩니다.

칸토어와 아이들은 함께 기차를 타고 있습니다. 표를 들고 좌석을 확인한 아이들은 각자 자신의 자리로 가서 앉았습니다.

모두 자리에 앉았나요? 기차 여행을 처음 하는 친구들도 있을 텐데 기차표에 나와 있는 좌석 번호를 보고 자리를 잘 찾았군요.

기차나 비행기 같은 교통수단의 좌석에는 편리하게 자리를 찾아 앉을 수 있도록 이름들이 지어져 있습니다. 내가 앉은 자리는 5호차 33C입니다. 우리가 탄 기차의 5호차에 33번째 행에서 C열에 나는 앉아 있습니다.

영화관이나 공연장에서 관람할 좌석을 찾을 때도 이런 경험을 한 적이 있지요?

대한민국 사람들은 출생신고를 하게 되면 주민등록번호를 부여받게 됩니다. 여러분들은 자신의 주민등록번호를 알고 있나요? 주민등록번호는 나라에서 국민을 관리하고 보호하기 위해 만든 번호이고, 다른 사람과 구분할 때 이용되는 자신만의 고유

번호입니다.

이렇게 우리는 생활 속에서 많은 것들을 편리하게 사용하기 위해 숫자나 문자로 나타내는 경우가 있습니다.

기차에 있는 의자 하나하나는 사람이 앉는 물건일 뿐입니다. 그러나 사람들은 그 의자 하나하나마다 숫자나 문자로 이름을 정하고 구분하여 사용합니다. 수학에서도 이와 같이 한 집합에 있는 원소들과 다른 집합에 있는 원소들을 짝을 지어 서로 비교하거나 원소들을 구분하는 경우가 있습니다.

$A=\{x \mid x$는 대한민국 사람$\}$

$B=\{x \mid x$는 주민등록번호$\}$

이와 같은 두 집합이 있을 때 집합 A에 속하는 대한민국 사람들 한 명 한 명에게 집합 B에 속하는 주민등록번호가 하나씩 정해지는 대응[2]을 합니다.

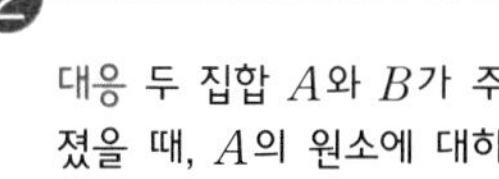

대응 두 집합 A와 B가 주어졌을 때, A의 원소에 대하여 B의 원소가 정해질 때 A에서 B로 대응한다고 함.

두 개의 집합 사이에 대응을 할 때, 한 원소에 다른 집합의 여러 원소가 정해지는 경우일대다 대응[3]도 있지만 대한민국 국민들에게 각자 주민등록번호가 하나씩 정해지는 것처럼 어떤 집합의 한 원소에 다른 집합의 한 원소만 각각 대응되는 경우도 있습니다.

만약 어떤 나쁜 사람이 등록되지 않은 주민등록번호를 사용한다면 이것은 일의 대응에 해당됩니다. 나쁜 사람도 자신의 원래 주민등록번호를 갖고 있고, 대한민국 국민들 각각은 하나의 주민등록번호에 대응되어 있으므로 등록되지 않은 주민등록번호가 남아 있게 됩니다. 즉 집합 A에 있는 모든 원소가 집합 B의 원소에 각각 하나씩 대응되었고, 대응되지 않은 원소가 집합 B에 남아 있는 경우 일의 대응[3]이라고 합니다.

그러나 모든 국민들이 출생신고를 다 하고, 착오 없이 나라에서 주민등록번호를 주었으며, 모든 사람이 자신의 번호만을 사용한다면 그것은 일대일 대응[3]이 됩니다.

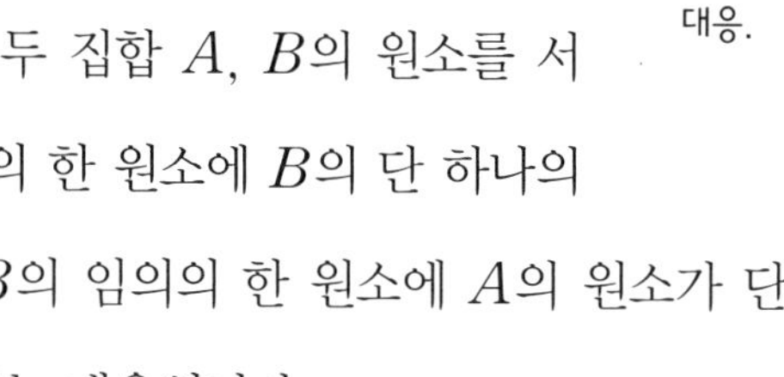

일대일 대응이란 두 집합 A, B의 원소를 서로 대응시킬 때, A의 한 원소에 B의 단 하나의 원소가 대응하고, B의 임의의 한 원소에 A의 원소가 단 하나 대응하도록 할 수 있는 대응입니다.

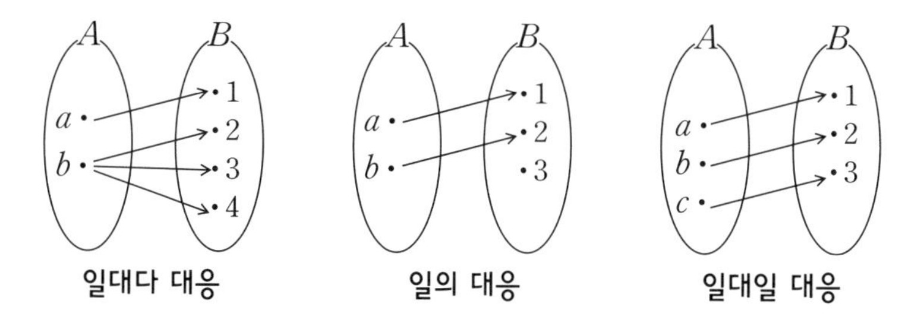

일대다 대응 / 일의 대응 / 일대일 대응

이 개념은 나 칸토어가 무한의 문제를 해결하기 위해 1900년경 최초로 수학에서 기본개념으로 사용하기 시작했습니다.

3

일대다 대응 집합 A가 집합 B에 대응할 때, 집합 A의 원소에 집합 B의 여러 개 원소가 짝 지어지는 것이 허용된 대응.

일의 대응 집합 A가 집합 B에 대응할 때, 집합 A의 원소에 집합 B의 원소가 각각 하나씩 짝 지어지는 대응.

일대일 대응 두 집합의 원소 사이에서 어느 원소도 빠지거나 남음이 없이 짝 지어지는 대응.

▨원소의 개수 위 수

기차 안에서 칸토어와 아이들은 즐겁게 이야기를 나누고 있습니다. 한참 이야기를 나누다 보니 슬슬 배가 고파졌습니다. 칸토어는 아이들에게 소시지를 사주었습니다.

소시지가 참 맛있네요. 그런데 우리가 먹은 소시지가 모두 몇 개인가요?

"8개요."

그렇습니다. 내가 먹은 것까지 합하면 모두 8개입니다.

우리를 집합으로 나타내 볼까요?

{칸토어, 희수, 진희, 민영, 종민, 윤희, 철수, 명훈}

소시지를 살 때 모두 각각 한 개씩 먹기 위해 8개를 샀습니다. 집합의 원소인 우리가 모두 8명이기 때문에 소시지가 8개 필요한 것입니다.

학교에서 학급 전체나 학년 전체에게 나누어 줄 인쇄물을 복사할 때 인원수를 확인하게 됩니다. 나라에서 대통령 선거를 잘 치르기 위해서는 선거권을 가진 국민들이 몇 명인지 그 수를 반드시 확인하여야 합니다. 이 밖에도 내가 가진 어떤 물건의 개수를 헤아리는 것처럼 수를 세는 경우는 너무도 많습니다.

집합에서도 어떤 집합의 특징을 잘 알고 이용하기 위해서는 그 집합에 속한 원소의 개수를 알 필요가 있습니다.

{1, 2, 3, 4}

유한집합인 위 집합의 원소 개수는 4개입니다.

유한집합 원소의 개수를 다른 말로는 '위수' 라고 합니다. 위수라는 말에는 두 가지 의미가 있습니다. 자릿수를 의미하는 경우가 있고, 다른 뜻으로 원소의 개수가 유한한 집합또는 군群[4]의 원소 개수를 의미하기도 합니다. 그러나 일반적으로 중학교, 고등학교에서는 특별히 위수라는 말을 사용하지 않고 원소의 개수라고 말합니다.

[4] 군群 하나의 연산에 대하여 닫혀 있는 집합.

그럼 다음 집합 원소의 개수는 몇 개인가요?

$\{x \mid x$는 2 이상 500 미만인 짝수$\}$

"원소나열법으로 나타내면 {2, 4, 6, 8, ⋯, 496, 498}이니까, 아! 249개예요."

원소의 개수가 많다보니 세는 데 시간이 좀 걸리지요. 집합의 원소들이 몇 개인지 직접 세지 않고 좀 더 쉽게 생각하는 방법은 없을까요? 내가 짧은 이야기를 하나 들려주겠습니다.

동네 놀이터에 10까지 겨우 셀 수 있는 꼬마 두 명이 자신이 가지고 있는 구슬을 모두 들고 나왔습니다. 한 꼬마가 말합니다.

"내가 가진 구슬은 내 주먹으로 10번이나 잡을 수 있어. 그러니까 내가 구슬을 더 많이 가지고 있어."

그러자 다른 꼬마가 말합니다.

"웃기지마! 내 구슬은 내 팔에 다 안고 다닐 수 없을 정도야."

두 꼬마는 계속해서 자기 구슬이 많다고 우기고 있습니다. 우리라면 개수를 셀 수 있으니까 당연히 "내 것은 몇 개이니 내가 더 많이 가지고 있어"라고 벌써 말했을 것입니다.

한참을 듣고 있던 다른 똑똑한 꼬마가 이렇게 말했습니다.

"그럼, 너희 둘 다 구슬을 모두 꺼내서 한 줄로 놓아 봐. 너희 둘의 구슬을 각각 짝 지어서 놓다 보면 구슬이 많은 사람의 줄이 더 길지 않겠어?"

똑똑한 꼬마가 말한 방법을 이해했나요? 이 방법은 집합 원소의 개수를 생각할 때도 이용됩니다.

한 집합의 원소들을 모두 나열하고 다른 집합의 원소들도 각각 짝을 지어 나열하면, 즉 한 집합의 원소에 다른 집합의 원소를 각각 대응시키면 결국 원소의 개수가 많은 집합의 원소들이 남게 됩니다.

$A=\{2, 4, 6, 8, \cdots, 496, 498\}$

$B=\{x \mid x$는 500 이하인 자연수$\}$

위 두 집합의 원소를 비교해 봅시다.

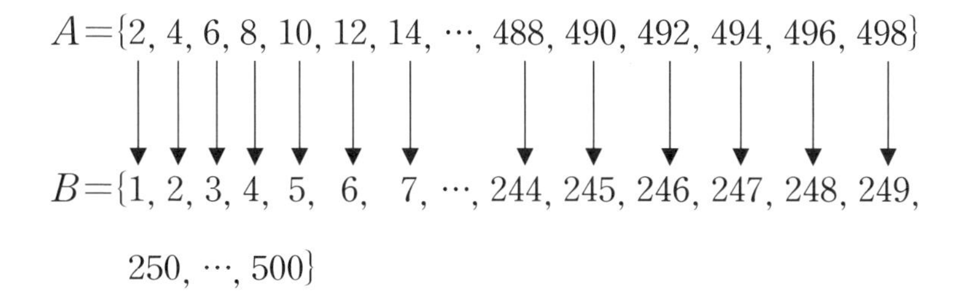

A의 원소들은 짝수이기 때문에 각 원소의 절반을 생각하면 1, 2, 3, 4, ⋯와 같이 집합 B의 원소들과 각각 대응할 수 있습니다. 이런 원리를 이미 깨닫고 있었다면 집합 A의 원소의 개수를 물었을 때 원소를 일일이 나열하기도 전에 집합 A의 원소 중 가장 큰 수인 498의 절반을 생각해서 249개라고 대답했을 것입니다.

이제 새로운 집합 $C=\{1, 2, 3, \cdots, 248, 249\}=\{x \mid x$는 1 이상 250 미만인 자연수$\}$의 원소 개수는 집합 A의 원소 개수와 같다

는 것을 바로 알 수 있겠죠?

이렇게 두 집합 사이에 일대일 대응이 이루어지는 경우에 대등하다는 말을 합니다. 주로 대등한 두 집합을 기호 '$\sim$'를 이용하여 '$A \sim C$'라고 나타냅니다. 기호 '$\sim$'를 사용하는 것을 처음 보았죠? 보통 이 기호는 초 · 중 · 고등학교에서는 잘 사용되지 않아요. 따라서 모르는 학생들이 더 많을 것입니다.

중요 포인트

- 공집합의 위수는 0이다.
- 집합 $\{1, 2, 3, 4, \cdots, k\}$의 위수는 k이다.
- 어떤임의의 유한집합에 그 집합의 위수를 나타내는 0 또는 자연수 하나가 대응한다.
- 두 유한집합이 일대일 대응이면 두 집합의 위수는 같다.

유한집합의 위수에 대해서 간단하게 살펴보았는데요, 결국 유한집합의 위수는 자연수와 관련됩니다. 그래서 다음과 같이 유한집합과 자연수 사이에 여러 사실들을 정리해 볼 수 있습니다.

기수 농도

유한집합의 경우에 그 집합의 크기로 위수원소의 개수를 말할 수 있다고 했습니다. 그러나 무한집합의 경우는 개수number라는 말을 쓰는 대신 농도power, cardinality로 집합의 크기를 나타냅니다.

"무한개라서 그 끝을 알 수 없다고 하셨잖아요? 그런데 어떻게 개수를 생각하고 크기를 생각한단 말인가요?"

누구나 가질 수 있는 의문입니다. 내가 살았던 시대에도 무한을 다루고자 하는 나 칸토어에 대해 반대하던 유명한 수학자들이 많았습니다. 무한을 연구하다 정신병을 얻었던 나를 더욱 힘들게 한 크로네커 교수와 그의 지지자들도 그중 하나였지요. 모두들 대학교에 다니는 동안 나를 가르쳤던 교수님들이고 훌륭한 수학자들이었지만, 보수적인 그들은 정수와 유한한 영역의 개념 위에 모든 수학의 기초를 놓으려고 했습니다.

크로네커, 1823~1891

그러나 수학은 자유로운 학문입니다. 새로운 개념과 아이디어가 떠오르고 발견된다면 그것에 대해 생각하는 것에는 제한이 없어야 합니다.

이미 고대부터 무한은 여러 분야에서 다루어지고 있었습니다. 그리고 역사 속에 갈릴레오 같은 위대한 수학자들은 이미 무한의 놀라운 성질에 대해 깨닫고 있었습니다. 수학 내에서 직접적으로 무한을 언급하는 것을 두려워하는 사람들이 많았지만 결국 후세 수학자들은 무한을 그 대상으로 놓고 그 세계를 열심히 탐구하고 있습니다.

무한집합의 농도濃度라는 말은 집합수集合數로 부르기도 하고 기수라고 말하기도 합니다. 기수의 개념은 유한집합의 원소 개수의 개념을 무한집합의 세계로 확장시킨 것입니다.

따라서 유한이나 무한에 관계없이 두 개의 집합 A와 B의 원소 사이에 일대일 대응이 이루어지면, 즉 $A \sim B$이면 집합 A와 집합 B는 같은 기수를 가진다고 합니다. 이것을 간단히 정리하면 다음과 같습니다.

중요 포인트

- 공집합의 기수는 0이다.
- 집합 $\{1, 2, 3, 4, \cdots, k\}$의 기수는 k이다. 유한 기수
- 예를 들어, 자연수 전체 집합 $\mathbb{N}=\{1, 2, 3, 4, 5, \cdots\}$의 기수는 card $\mathbb{N}$이다. 초한 기수
- 어떤임의의 집합에 그 집합의 농도를 나타내는 기수 하나가 대응한다.
- 두 집합이 일대일 대응이면 두 집합의 기수는 같다.

나는 내가 발견한 여러 무한집합의 기수를 특별히 초한수초한기수 transfinite cardinal number라고 불렀습니다.

우리는 집합의 기수를 통해 두 개 또는 그 이상의 집합이 서로 같은지, 보다 작은지, 보다 큰지를 결정할 수 있습니다. 기수에 대한 설명을 보면 무한집합의 크기를 살피는 것도 결국 유한집합의 크기를 생각하는 방법과 똑같다는 것을 알 수 있습니다.

즉 무한집합에 대해서도 그 크기가 같은 집합, 작은 집합, 큰 집합을 생각할 수 있다는 것을 알려주는 엄청난 이야기입니다.

초한수에 대해 조금만 살펴보아도 무한집합이 왜 유한집합과 다르고, 그 개념이 우리에게 왜 어렵게 다가오는지 그 이유를 알 수 있습니다.

다음 시간에 자연수 집합과 관련된 놀라운 성질을 통해 자세히 이야기하겠습니다.

두 번째 수업 정리

1 **대응** 두 집합 A, B가 주어지고 집합 A의 원소에 대하여 집합 B의 원소가 정해질 때 A에서 B로 대응한다고 합니다.

2 **일대일 대응** 집합 A에서 집합 B로의 대응에서 A의 한 원소에 B의 단 하나의 원소가 대응하고, B의 임의의 한 원소에 A의 원소가 단 하나 대응하는 것을 말합니다.

3 **대등** 두 집합 사이에 일대일 대응이 이루어질 때 두 집합을 '대등하다' 고 하고, 그 기호로 '$\sim$' 를 사용합니다.

4 **위수** 유한집합 원소의 개수를 '위수' 라고 합니다. 어떤 유한집합이든 위수가 0이거나 자연수 하나에 대응합니다. 두 유한집합이 일대일 대응이면 두 집합의 위수가 같습니다.

❺ 기수 무한집합의 크기를 '농도집합수' 또는 '기수'라고 합니다. 이것은 유한집합 원소의 개수와 같은 개념입니다. 특히 칸토어는 자신이 발견한 여러 무한집합의 기수를 초한수라고 불렀습니다.

❻ 유한집합이든 무한집합이든 임의의 집합에 그 집합의 농도를 나타내는 기수 하나가 대응됩니다. 특히 두 집합이 일대일 대응이면 두 집합의 기수가 같습니다.

우리 몸의 큰 수, 작은 수!

집합도 배우고 무한도 생각하느라 힘들었죠? 사실 아주 큰 수나 아주 작은 수에 대해서 우리가 직접 느낀다는 것은 참 어려워요. 그래서 잠깐 쉬는 동안 비록 무한은 아니지만 우리의 몸이 얼마나 큰 수와 작은 수로 이루어져 있는지 소개해 볼까 합니다.

내 몸 속에서 끊임없이 움직이고 있는 기관들이 있지요? 소화를 시켜 주는 것도 있고, 운동을 시켜 주는 것도 있고, 영양이나 노폐물을 이동시켜 주는 것들도 있어요. 이 중에 가장 중요한 것을 꼽으라면 심장을 빼 놓을 수 없을 것입니다. 우리 심장은 보통 성인이 되면 1분에 70번 정도 뛰어요. 사람이 속한 포유류들은 몸집에 따라 약간씩 다른 심장 박동수를 갖고 있어요. 몸집이 작을수록 표면적에 비하여 부피가 작기 때문에 열을 빨리 잃어요. 물을 담은 주전자가 작을수록 뜨거운 물이 빨리 식는 것과 같은 원리입니다. 그래서 작은 포유류일수록 영양을 매우 빨리 에너지로 소모하게 됩니다. 그러다 보니 심장 박동이 빠르고 수명이 짧습니다. 쥐는 사람보다 빠른 분당 500박동을 합니다. 물론 훨씬 빨리 죽지요. 반면에 거대한 코끼리는 분당 28박동이고 수명도 약 60년에서 70년 정도입니다.

그럼 이제 평생 동안 우리의 심장이 몇 번이나 뛰는지 계산해 보겠습니다. 1시간은 60분이니까 1시간 동안 뛰는 심장 박동수는 4200번, 하루는 24시간이므로 하루 동안 뛰는 심장 박동수는 100800번, 1년은 365일이므로 1년 동안 뛰는 심장 박동수는 36792000번입니다.

세계보건기구WHO가 2005년 자료를 기준으로 발표했던 '세계보건통계 2007' 에 따르면 한국 여성의 평균 수명은 82세, 한국 남성의 평균 수명은 75세, 한국인의 평균 수명은 78.5세로 세계 194개국 중 26위입니다. 그렇다면 대한민국 사람들의 평균 수명으로 계산해 보면 평생 동안 2888172000번이나 심장이 뛰고 있는 것입니다. 살아 있는 동안 무려 약 29억 번이나 뛰고 있는 우리의 심장이 정말 대단하지 않나요? 29억은 아주 큰 수입니다.

우리 몸에는 이보다 더 큰 수를 갖고 있는 곳이 있습니다. 어떤 동물보다도 가장 복잡하다는 우리의 뇌가 그러하지요.

우리 뇌의 무게는 약 1.4kg입니다. 우리보다 몸집이 큰 코끼리도 고래도 기린도 모두 몸에 비해 작은 뇌를 갖고 있어요. 우리 뇌에는 정보를 주고받는 신경세포 '뉴런'이 무려 약 1000억 개가 있습니다. 뉴런은 한 뉴런에서 다른 뉴런으로 정보를 보내는데, 마치 전화선을 따라 메시지가 전달되는 것 같습니다. 우리 뇌의 사고 단위는 전기적으로 흥분된 뉴런이고 신경자극을 통해 반응이 전달됩니다. 이때 신경자극의 속력은 시속

400km에 이르게 됩니다. 게다가 뉴런들은 서로 연결되어 있는데 약 1조 개의 이음새로 이루어져 있습니다.

우리 몸을 이루는 기본단위는 무엇일까요? 바로 뉴런과 같은 세포들입니다. 세포는 대체로 묽은 액체를 담은 주머니같이 생겼어요. 세포는 바깥쪽에 세포막이라는 껍질을 갖고 있고 그 안에 핵과 세포질로 이루어져 있습니다. 이런 세포들이 우리 몸을 이루려면 몇 개나 필요할까요?

사람의 세포보다 2000분의 1배, 3000분의 1배 정도로 작은 세균 세포 하나의 크기가 대략 1세제곱 마이크로미터의 부피를 차지한다고 합니다. 1마이크로미터는 1미터의 100만분의 1이니까 얼마나 작은지 상상이 안 갑니다. 세균 세포의 2000배나 3000배라 하여도 사람의 세포는 너무나 작습니다.

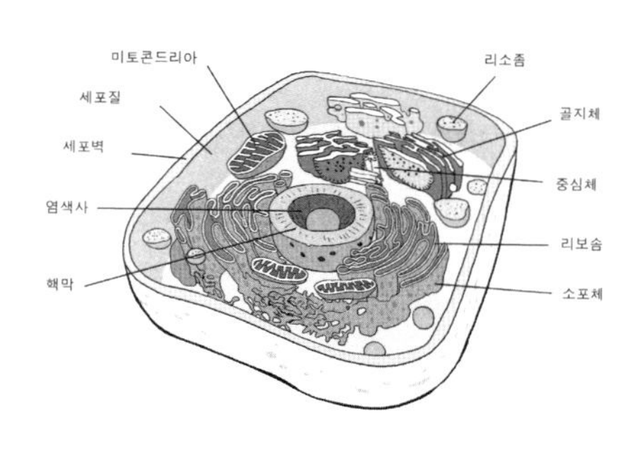

과학자들의 설명에 따르면 우리 몸은 무려 10경 정도의 세포로 이루어져 있다고 합니다. 10경이면 10^{17}을 의미하는 것으로 100,000,000,000,000,000입니다. 이렇게 아주 큰 수에 대해서 10^{17}과 같은 10의 거듭제곱[5] 표현을 사용하면 편리합니다.

아주 작은 세포도 더 작게 쪼개어 생각할 수 있습니다. 바로 분자 단위로 쪼개는 것이지요. 세포를 주로 이루는 단백질도 분자의 한 종류입니다.

분자는 또 원자들로 이루어집니다. 공기 중의 산소는 산소 원

5 거듭제곱 같은 수 또는 같은 문자를 여러 번 곱한 것.

자 2개, 오존은 산소 원자 3개로 이루어져 있습니다. 그렇다면 원자의 폭은 얼마일까요?

모래 알갱이의 폭이 $\frac{1}{2000}=5\times\frac{1}{10^4}$m입니다. 물론 원자는 더 작습니다. 아주 큰 수들을 10의 거듭제곱 모양으로 나타내듯이 아주 작은 수들도 소수점 아래의 0의 개수가 너무나 많기 때문에 10의 거듭제곱 모양을 이용하여 나타냅니다.

$$\frac{1}{10}=10^{-1},\ \frac{1}{100}=10^{-2}$$

이런 방식으로 표현하지요. 그러니까 모래 알갱이 폭도 5×10^{-4}m로 나타낼 수 있습니다.

자! 그럼 진짜 원자의 폭을 말하겠습니다. 원자의 폭은 2×10^{-10}m입니다. 너무나 작은 수이지요. 우리 몸을 이렇게 작은 것들로 쪼개어 나가다 보니 그 어떤 우주보다도 복잡하고 미묘하다는 생각이 듭니다. 그래서 우리의 몸은 더없이 소중한 존재라는 것을 느낄 수 있어요.

힐베르트의 호텔

무한집합은 어떤 성질을 갖고 있을까요?
우리가 잘 알고 있는 자연수를 관찰하며
무한집합과 유한집합의 다른 점을 생각해 보아요.

세 번째 학습 목표

1. 자연수 집합을 통해 무한 기수의 덧셈과 곱셈에 대해서 생각해 봅니다.
2. 무한집합이 유한집합과 구분되는 가장 중요한 특징으로 무한집합과 무한집합의 진부분집합이 대등함을 이해합니다.

미리 알면 좋아요

1. **정수** 1, 2, 3, …과 같은 양의 정수, −1, −2, −3, …과 같은 음의 정수 그리고 0으로 이루어진 수의 집합.

예를 들어, 더운 여름에는 30℃, 겨울에는 −10℃. 이렇게 우리는 온도계의 눈금을 읽어 지금 온도가 몇 ℃인지 알게 됩니다. 옛날 사람들은 자연수, 즉 양의 정수만 가지고 생활하였습니다. 그러다 0과 음의 정수를 만들게 되었습니다. 0은 우리가 사용하는 십진법처럼 자리를 이용한 수 표현에서 아주 중요한 역할을 하고, 음의 정수는 생활 속에서 영하의 온도나 돈의 손실을 나타내는 데 이용됩니다. 정수는 음의 정수와 0을 갖고 있어 덧셈, 뺄셈, 곱셈을 했을 때 다시 정수 안에서 계산 값이 나옵니다.

2. **부분집합** 어떤 집합의 일부분이 되는 집합.

예를 들어, 집합 {1, 2, 3}은 집합 {1, 2, 3, 4}의 부분집합입니다. 즉 한 집합의 모든 원소가 다른 집합에 모두 속할 때 부분집합이라고 말합니다. 자연수는 모두 정수의 집합에 속하므로 자연수 집합은 정수 집합의 부분집합입니다. 공집합은 모든 집합의 부분집합이고 자신, 즉 원집합도 부분집합입니다. 즉 {1, 2, 3, 4}의 부분집합중에는 ϕ과 {1, 2, 3, 4}가 있습니다. 특히 어떤 집합의 모든 부분집합 중 자신을 제외한 부분집합을 진부분집합이라고 합니다.

칸토어의 세 번째 수업

칸토어와 아이들은 '무한 단체 관광' 상품을 신청하고 무한의 세계로 여행을 떠났습니다. 여행의 마지막 날 밤에 우주선을 타고 가던 단체 관광객들은 다 같이 '힐베르트 호텔'에서 잠을 자게 되었습니다.

우리가 묵을 곳은 유명한 힐베르트 호텔입니다. 힐베르트의 호텔에는 객실이 무한개 있습니다. 무한 세계에서 가장 유명한 호

텔답지요.

호텔에 가는 동안 힐베르트의 이야기를 하나 들려줄게요.

힐베르트, 1862~1943

어느 날 한 손님이 호텔로 찾아왔는데 그날따라 객실이 무한개가 있는데도 방마다 모두 손님들이 있어 빈방을 내줄 수가 없었다고 합니다. 그런데 호텔 종업원인 힐베르트는 잠시 생각한 후 새로 온 손님에게 빈방을 마련할 수 있다고 자신 있게 말했습니다. 그는 객실로 올라가 모든 손님들에게 정중하게 부탁을 했습니다.

"죄송하지만 손님들께서는 옆방으로 한 칸씩만 이동해 주시기 바랍니다."

다행히 이해심 많은 손님들은 모두 옆방으로 옮겨 갔고 자기 방을 못 찾아 헤매는 사람도 없었습니다. 그래서 힐베르트는 새로 온 손님을 비어 있는 1호실로 안내했다고 합니다.

"그게 가능한 일이에요?"

힐베르트 호텔의 객실이 무한개이기 때문에 가능한 것입니다. 원래 숙소에 있던 손님들은 자기가 묵고 있는 방의 호수에 1만 더한 방으로 가면 되는 것이지요.

1호→2호, 2호→3호, 3호→4호, …, 100000호→100001호, 100001호→100002호, …

이 이야기에는 무한 속에 감추어진 놀라운 성질이 들어 있습니다. 무엇인지 발견했나요?

바로 무한대[6]에 1을 더해도 여전히 무한대임을 말해 주는 것입니다.

1+1=2, 2+1=3이라는 사실은 초등학교에 들어가기 전부터 많은 사람들이 알고 있습니다. 그런데 무한의 세계에서는 덧셈을 하여도 다시 원래 수가 나오게 됩니다. 손님들은 분명히 방의 개수만큼 무한 명이 있었는데 한 명의 손님을 추가해도 역시 무한개의 방에 그대로 모든 손님이 들어가게 됩니다.

⑥ 무한대 한없이 큼. 임의로 주어진 수보다 절댓값이 크게 될 수 있는 변수의 상태. 기호는 ∞를 사용한다.

즉 호텔의 객실 수는 자연수 집합의 기수를 의미하는 것으로, 1호실에 새 손님이 들어가고 다른 손님들이 다음 번호 방으로 옮겨도 여전히 호텔의 객실 수는 자연수 집합의 기수가 됩니다.

이런 성질을 기호로 나타내면 다음과 같습니다.

중요 포인트

$$\aleph_0 + 1 = \aleph_0$$

ℵ라는 글자는 처음 보았지요? ℵ는 언뜻 보면 X와 닮아 보이지만 완전히 다른 글자입니다. ℵ는 헤브라이어 알파벳의 첫 문자로 '알레프' 라고 하고 $\aleph_0$는 '알레프-제로' 라고 읽습니다. 내가 ℵ를 초한수무한집합의 기수를 나타내는 글자로 선택한 것에는 이유가 있습니다.

처음 나를 소개할 때 내가 유대인의 혈통이라는 사실을 이야기했지요? 우리 유대인들은 전통을 중요시하며 유대교에 대해서 잘 알고 있습니다. 나 칸토어는 유대 신비주의에 대해서도 관심이 있었는데 유대 신비주의 전통에 따르면 ℵ알레프가 신의 상징이자 신의 무한성을 상징하는 문자입니다.

초한수의 등장은 수학의 새로운 시작을 알리는 것이기에 헤브라이어 알파벳의 첫 문자이며 무한한 신의 상징인 ℵ가 초한수에 가장 알맞은 글자라고 생각했습니다. 그래서 나는 ℵ를 초한수를 나타내는 글자로 선택한 것에 대해 늘 뿌듯해 하였고 친구들에게 자주 자랑하곤 했습니다.

앞의 식에서 $\aleph_0$는 보통 자연수나 정수 또는 유리수 또는 대수적 수의 무한을 의미하는 것입니다. 이 식이 알려주는 규칙은 자연수같이 가장 낮은 단계의 무한에 1을 더해도 여전히 똑같이 무한임을 알려주는 것입니다. $\aleph_0$에 대한 좀 더 자세한 내용은 다른 수업 시간에 말해 주겠습니다.

'무한 단체 관광' 손님들은 모두 힐베르트 호텔 로비에 들어가고 있습니다. 힐베르트는 칸토어를 보자 너무나 반가워하며 기쁘게 맞이해 주었습니다. 그런데 이미 힐베르트 호텔의 무한개 객실에는 손님들로 모두 찼다고 합니다. '무한 단체 관광' 가이드는 단체 관광객의 수가 무한한데 빈방이 없다고 하자 무척 당황했습니다.

"칸토어 선생님, 그럼 우리 모두 다른 호텔로 가야 하나요? 우리 인원수가 무한히 많아서 재워줄 만한 호텔이 거의 없을 텐데요."

걱정하지 마세요. 여기는 무한의 세계라는 것을 잊으면 안 됩니다. 우리의 똑똑한 친구 힐베르트가 해결해 줄 것입니다. 오히려 힐베르트는 우리를 다 받게 되면 무한대의 숙박료를 벌 수 있게 된다고 기뻐하고 있는 중입니다. 힐베르트가 곧 안내 방송을 한다고 했으니 함께 기다려 봅시다.

"손님 여러분, 죄송하지만 현재 묵고 계신 객실 번호에 2를 곱하셔서, 그 번호의 객실로 모두 옮겨 주시기 바랍니다. 불편하시겠지만 다른 손님들도 묵을 수 있도록 도와주세요. 감사합니다!"

안내 방송대로 손님들이 방을 옮기면 어떻게 될까요? 1호실 손님은 2호실로, 2호실 손님은 4호실로, 3호실 손님은 6호실로, … 이렇게 이동을 하면 모두 짝수 번호가 붙어 있는 방에 가게 됩니다. 그러면 자기 방을 빼앗긴 손님이 하나도 없는데도, 어느새 호텔에는 무한개의 빈 객실이 생깁니다. 이제 우리 '무한 단체 관광' 손님들이 비어 있는 홀수 번호 객실로 들어가면 편히

쉴 수 있습니다.

힐베르트의 재치 덕분에 무한개의 짝수 번호 방에는 원래 묵고 있는 손님들이 모두 들어가게 되었고, 무한개의 홀수 번호 방에는 새로운 무한대의 손님들이 들어가게 되었습니다. 짝수 번호만큼 홀수 번호의 방이 있을 것입니다. 따라서 짝수와 홀수 번호 방을 모두 합친다는 것은 짝수 번호 방의 전체 개수에 2배를 하는 것이므로 그 결과는 다시 자연수 방 번호와 같아집니다. 이것은 무한대에 2를 곱해도 여전히 무한대임을 말해 주는 것입니다.

중요 포인트

$$\aleph_0 \times 2 = \aleph_0$$

무한의 세계에서는 이렇게 우리가 당연하게 알고 있는 덧셈, 곱셈조차도 다른 결과를 얻게 됩니다. 그래서 역사 속 수학자들까지도 무한을 다루는 것을 꺼려할 수밖에 없었던 것이지요.

아! 벌써 가이드가 방을 안내해 주고 있군요. 각자 방에서 짐을 정리한 후 편한 복장으로 내 방에 모여 주세요.

아이들은 방에서 짐을 풀고 잠시 쉰 뒤 편한 복장으로 칸토어의 방으로 갔습니다. 아이들이 다 모이자 칸토어는 무한집합의 중요한 성질을 설명하기 시작했습니다.

▨ 무한집합의 진부분집합

무한을 아무리 생각하지 않으려 했어도 우리가 다루는 수와 다른 모든 분야에 이미 무한의 성질들이 숨어 있습니다. 수학자, 철학자, 종교인들은 역사 속에서 계속 무한에 관한 연구들을 하게 되는데 이들 중 갈릴레오 갈릴레이는 직접적으로 〈두 가지 새로운 과학에 대한 대화와 수학적 논증〉1638이란 논문에서 고대의 무한 개념을 넘어 지금 우리가 다루고 있는 무한 개념을 말하고 있습니다.

갈릴레오는 지구가 태양을 돈다는 지동설을 주장하면서 종교재판을 받게 되었고 '그래도 지구는 돌고 있다' 는 말을 남겨 널리 알려진 수학자이자 천문학자, 과학자, 인본주의자입니다. 갈릴레오의 지동설도 그 시대에 무조건 배척당한 것은 아니었습니다. 교황도 처음에는 우호적이었으나 반대 세력들이 이간질을 하게 되면서 종교재판까지 가게 되었고 갈릴레오는 고문의 위협 속에서 자신의 이론을 굽힐 수밖에 없었지요.

결국 갈릴레오가 죽은 후 350년 만에 그 당시 교황이던 요한 바오로 2세가 과거 종교재판에 대해 사죄를 하는 일까지 생기고 말았습니다. 그러나 한 가지 다행스러운 점은 사형선고 대신 피렌체의 집에 갇혀 지내게 되었다는 것이지요. 자신이 무척 원했던 물리 실험을 위한 여행은 못 하게 되었지만 논문 〈두 가지 새로운 과학에 대한 대화와 수학적 논증〉을 쓰며 여러 중요한 과학적, 수학적, 철학적 개념들을 남길 수 있었습니다.

갈릴레오는 이 논문에서 물질의 재료와 구조, 소리, 진자운동,

지레의 원리, 자유낙하와 포물선 운동, 물체의 충돌 등에 대해 4명의 학자들이 4일 간 나눈 대화 형식을 빌려 다루고 있습니다.

이 엄청난 내용 중 갈릴레오가 무한에 대하여 쓴 부분은 우리가 이미 두 번째 시간에 다루었던 대응과 관련된 것입니다.

그는 모든 정수와 그 제곱수를 일대일로 대응시켰습니다. 1의 제곱수, 즉 1에 셈을 할 때 사용하는 첫 번째 수 1을 대응시키고, 그 다음 제곱수인 4에 두 번째 수 2를 대응시키고, … 이런 방법으로 대응을 무한히 계속했습니다.

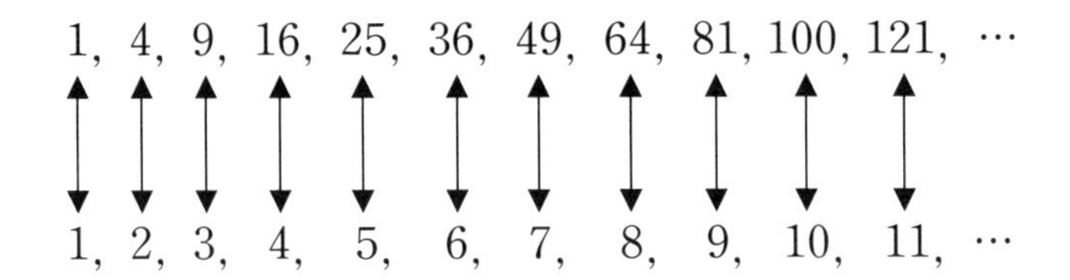

이렇게 대응을 시키면 2, 3같이 제곱수가 아닌 수들은 어디로 가는지 알 수 없습니다. 그러나 놀랍게도 제곱수와 자연수 사이에 일대일 대응이 가능합니다. 이것은 곧 제곱수 집합과 자연수 집합이 대등하고, 제곱수 집합의 기수와 자연수 집합의 기수가 같다는 것을 의미합니다.

여기서 눈여겨 봐야할 것은 제곱수 집합 $\{1, 4, 9, 16, \cdots\}$은 분명히 자연수 집합의 부분집합이라는 것입니다.

유한집합에서 예를 들어 봅시다. 다음 집합의 부분집합을 찾아보세요.

$$A=\{1, 2, 3\}$$

"ϕ, $\{1\}$, $\{2\}$, $\{3\}$, $\{1, 2\}$, $\{1, 3\}$, $\{2, 3\}$, $\{1, 2, 3\}$입니다."

이 중에서 자신 $\{1, 2, 3\}$을 제외한 부분집합을 진부분집합[7]이라고 말합니다. 당연히 우리가 중고등학교에서 주로 다룬 유한집합에서는 어떤 집합이든 진부분집합 원소의 개수가 원래 집합 원소의 개수보다 적기 마련입니다. $\{2, 3\}$의 원소 개수는 2개이고 집합 A의 원소 개수가 3개인 것처럼 유한집합은 자신의 진부분집합 원소의 개수보다 자신의 원소 개수가 많습니다.

그런데 제곱수 집합 $\{1, 4, 9, 16, \cdots\}$은 자연수 집합의 진부분집합이면서도 제곱수 집합과 자연수 집합 사이에 일대일 대응이 가능하여 대등하므로 그 기수가 같다는 결과가 나타납니다. 갈

7 진부분집합 집합 A의 부분집합으로서, A와 일치하지 않는 집합.

릴레오는 너무나 놀라운 이 사실을 발견하고 더 이상 무한에 대한 논문을 쓰지 않았습니다. 당대 최고의 지성 갈릴레오였지만 무한의 성질을 아주 단순한 방법으로 접한 후에 그 이상의 어떤 결론을 내는 것도 시도하지 않았습니다.

그러나 갈릴레오가 발견한 것들은 결국 후대에 나 칸토어와 같은 수학자들에 의해 직접적으로 다루어지게 되었습니다.

두려움 때문에 유한과 다른 무한을 부정하기보다는 특별한 성질을 무한의 특징으로 받아들여 수학은 또 한 번 자유롭게 날게 됩니다.

현대 집합론에서는 이 결과를 이용하여 다음과 같이 유한집합과 무한집합을 정의합니다.

중요 포인트

한 집합이 자기 자신과 대등인 진부분집합을 가질 때, 그 집합을 무한집합이라고 한다. 무한집합이 아닌 집합을 유한집합이라고 한다.

우리가 묵고 있는 힐베르트 호텔에서 손님이 올 때마다 계속해서 무한개의 방을 가득 채울 수 있는 것은 바로 이런 성질이 있기 때문입니다. 무한집합은 진부분집합 중에 자신과 대등한, 즉 기수가 같은 진부분집합이 있습니다. 자연수의 부분집합인 짝수의 집합과 홀수의 집합은 자연수와 대등인 진부분집합이기 때문에 다음과 같은 결과가 나타납니다.

$A=\{x|x$는 자연수$\}$

$B=\{x|x$는 짝수$\}$

$C=\{x|x$는 홀수$\}$일 때,

$A=B\cup C$ 이고 $A\sim B$, $A\sim C$

이것은 유한집합에서는 결코 일어나지 않는 사실입니다.

조금 더 나아가서 자연수의 집합을 진부분집합으로 포함하면서 같은 기수를 갖는, 즉 대등한 무한집합을 찾아볼 수 있을까요?

"음…… 글쎄요, 어려워요."

생각이 잘 떠오르지 않겠지만 여러분들도 충분히 알 수 있는 집합 중에 있습니다.

중학교에 들어가면 배우는 수의 집합 중 정수가 바로 대표적인 무한집합입니다.

정수는 자연수양의 정수와 0 그리고 음의 정수로 이루어진 집합입니다. 정수를 원소나열법으로 나타내면 다음과 같지요.

$$\{\cdots, -5, -4, -3, -2, -1, 0, 1, 2, 3, 4, 5, \cdots\}$$

정수 집합이 자연수 집합과 대등한 것을 알기 위해서는 서로 일대일 대응이 맺어지는지 확인을 하면 됩니다. 우리가 제곱수 집합과 자연수 집합을 비교할 때 원소를 잘 나열하여 짝을 지은 것처럼 정수를 다음과 같이 나열하면 쉽게 증명할 수 있습니다.

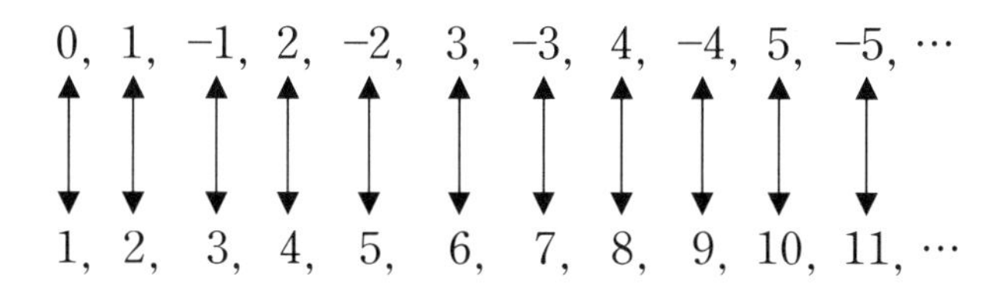

정수를 0, 1, −1, 2, −2, 3, −3, ⋯ 이런 방식으로 잘 나열하고 자연수와 대응시키면 모든 정수가 자연수에 일대일 대응하게 됩니다. 분명히 자연수가 정수의 진부분집합이지만 그 기수를 따진다면 두 집합이 모두 같은 기수를 갖습니다.

우리가 학교에서 다루는 수학의 내용 중에는 이처럼 무한하기 때문에 감각적으로, 직관적으로 떠오르지 않는 성질을 갖고 있는 것들이 많이 있습니다. 학생들이 이해하기 어렵기 때문에 설명을 안 하고 있지만 자연수, 정수, 유리수, 무리수, 실수 같은 수의 집합들이 모두 무한집합이고 고등학교에서 배우는 무한급수, 극한, 미적분 개념 등 너무나 많은 개념들이 무한의 세계에서 나온 것들입니다.

세 번째
수업 정리

1. 자연수는 무한집합으로, 그 기수를 $\aleph_0$알레프-제로라고 하고, 자연수 집합의 기수에 1을 더해도 여전히 그 기수는 $\aleph_0$입니다. 무한대에 1을 더해도 여전히 무한대로, 우리가 알고 있는 일반적인 덧셈의 결과가 나오지 않습니다.

2. 자연수 집합의 기수에 2배를 하여도 여전히 그 기수가 $\aleph_0$입니다. 즉 무한대에 2를 곱해도 여전히 무한대입니다. 곱셈도 덧셈과 같이 무한집합에서는 유한집합과 다른 결과가 나옵니다.

3. 자연수 전체 집합은 진부분집합인 제곱수의 집합이나 홀수, 짝수 집합과 일대일 대응을 지을 수 있으므로 모두 대등한 집합들입니다.

4. 한 집합이 자기 자신과 대등인 진부분집합을 가질 때, 그 집

합을 무한집합이라고 합니다. 무한집합이 아닌 집합을 유한집합이라고 합니다.

❺ 정수 집합은 자연수 집합과 일대일 대응 관계가 성립하므로 두 집합은 서로 대등합니다. 즉 자연수 집합의 원소 기수와 정수 집합의 원소 기수는 같습니다.

유리수의 기수

유리수에 대해서 이모저모 생각해 보아요.

그런데 유리수의 기수가 자연수의 기수와 같다고 합니다.

어떻게 그런 일이 가능할까요?

네 번째 학습 목표

1. 유리수의 정의와 특징 그리고 유리수의 조밀성에 대해 알아봅니다.
2. 유리수 집합의 기수와 자연수 집합의 기수가 같음을 알아봅니다.

미리 알면 좋아요

1. **분수** 어떤 수를 다른 수로 나누는 것을 분자와 분모로 나타낸 것.

예를 들어, 피자 2판을 5명이 나누어 먹는 것을 수로 표현하면 $2\div5=\frac{2}{5}$입니다. 동생의 키는 나의 키의 절반이라는 것을 수로 표현하면 $\frac{1}{2}$입니다. 이때, 가로 줄 위에 있는 수를 분자, 아래 있는 수를 분모라고 부릅니다. 어떤 수이든 분자가 될 수 있지만 분모에는 0이 들어갈 수 없습니다. 분모, 분자에 1 이외의 공통된 약수가 없어 약분이 되지 않는 분수를 기약분수라고 합니다.

2. **소수** 자연수나 정수의 십진법처럼 0과 1 사이의 수를 $\frac{1}{10}=0.1$, $\frac{1}{100}=0.01$, …처럼 식으로 나타낸 것.

예를 들어, 우리가 서로 키를 비교할 때 $150\frac{2}{5}$cm라고 하지 않고 150.4cm라고 말합니다. 소수는 십진법과 같이 자리를 이용하여 0과 1 사이의 수를 나타낼 수 있기 때문에 크기를 비교할 때 분수보다 편리합니다. 0.25처럼 소수점 앞에 0 이외의 정수가 없는 소수를 순소수, 3.4처럼 양의 정수가 있으면 대소수라고 말하기도 합니다. 정수와 0, 1 사이의 수를 구분시켜주는 점을 소수점이라고 부르며, 소수점 아래 소수 첫째 자리는 10분의 1의 자리, 소수 둘째 자리는 100분의 1의 자리, …를 나타냅니다.

네 번째 수업을 받으러 칸토어의 집에 모인 아이들은 오늘이 희수의 생일날이라는 것을 알고 모두 축하해 주었습니다. 희수를 위해 칸토어가 생일 케이크를 사오자 아이들은 즐겁게 케이크를 나누어 먹었습니다.

케이크가 너무나 맛있군요. 다들 잘 먹었나요? 큰 한 덩어리의 케이크를 희수가 우리 모두 똑같은 양으로 먹을 수 있도록 잘 잘라 주었습니다. 우리가 모두 8명인데 같은 크기의 조각을 먹었으니 각자 먹은 양을 수로 표현하면 어떻게 될까요?

"$\frac{1}{8}$입니다."

네, 맞습니다. 전체 케이크 한 덩어리를 1로 놓았을 때 우리는 8조각으로 나누어 먹었기 때문에 $1 \div 8$, 즉 분수로 표현하면 $\frac{1}{8}$입니다.

이렇게 우리는 생활 속에서 분수 개념을 자주 사용하고 있습니다. 어떤 물건이나 가격의 '절반' 이라는 말은 '2분의 1' 이라고 할 수 있고, '반의 반' 이라는 말은 '4분의 1' 을 의미합니다.

우리는 초등학교에서 분수를 여러 가지 의미로 사용합니다. 예를 들어 사과 한 개의 $\frac{1}{4}$, 초콜릿 6개의 $\frac{1}{3}$, 닭 30마리의 $\frac{1}{2}$처럼 전체 중의 부분을 나타내는 의미로 분수를 사용합니다. 물론 전체의 어떤 부분을 나타내는 분수의 개념 속에는 똑같이 나눈다는 의미가 전제되어 있습니다. 그리고 같은 분수 $\frac{1}{4}$을 사용하더라도 주어진 전체의 양에 따라 $\frac{1}{4}$이 의미하는 수량은 달라집니다.

또한 맛있는 사탕 15개를 3개씩 친구들에게 나누어 준다면 몇 명의 친구에게 나누어 줄 수 있는지 생각할 때 $15 \div 3 = 5$로 계산하는 것이나, 3장의 종이를 4조각으로 나눌 때 $3 \div 4 = \frac{3}{4}$으로 계산하는 것처럼 나눗셈의 몫의 의미로 분수가 사용되기도 합니다. 다른 의미로는 100g의 $\frac{13}{20}$은 탄수화물, 딸의 키는 엄마 키의 $\frac{2}{3}$와 같이 어떤 두 양을 비교하는 데 분수를 이용하기도 합니다. 이때 기준이 되는 양에 대해 비교하는 양을 각각 분모와 분자로 하여 비율을 나타냅니다. 즉 라면 100g에 탄수화물 65g이 들어 있다면 라면 전체에 대한 탄수화물의 비율을 $\frac{65}{100} = \frac{13}{20}$으로 나타냅니다. 이렇게 초등학교에서 분수를 수의 꼴로 사용하는 다양한 상황을 배우면서 통분을 이용한 분수의 덧셈, 뺄셈을 연습하였고 곱셈과 나눗셈에 대해서도 계산 방법을 익혔습니다. 이것을 토대로 중학교에서는 정수와 함께 유리수라는 수의 집합을 다루게 됩니다.

▨ 유리수의 의미와 조밀성

유리수에 대해 쉽게 표현하면 분수 모양으로 나타낼 수 있는 수라고 말할 수 있습니다. 그럼 0이나 100, −5 같은 정수들은 유리수가 아닐까요?

"글쎄요……. 아! 유리수가 될 수 있어요. $100=\frac{100}{1}$, 이렇게 쓸 수 있어요.

잘 생각했습니다. 0도 $\frac{0}{3}$, $\frac{0}{4}$ 등으로 나타낼 수 있고 −5도 $-\frac{5}{1}$인 분수 꼴로 나타낼 수 있습니다. 따라서 유리수란 분수 모양으로 나타낼 수 있는 수라는 것을 짐작할 수 있습니다. 이제 좀 더 정확한 의미를 알기 위해 유리수의 정의를 살펴봅시다.

유리수는 분모에 양의 정수자연수나 음의 정수, 분자에는 양의 정수자연수, 0, 음의 정수인 분수 꼴로 나타내어지는 수입니다.

중요 포인트

유리수

분자와 분모($\neq 0$)가 모두 정수인 분수의 꼴로 나타낼 수 있는 수.

$\frac{a}{b}$(a, b는 정수, $b \neq 0$)

정수에 음의 정수가 포함되어 있기 때문에 유리수는 당연히 양의 부호가 붙은 수양수와 음의 부호가 붙은 수음수로 구분됩니다. 0보다 큰 유리수를 '양수'라고 하고, 일반적으로 정수에서 양의 부호를 생략해서 나타내듯이 $+\frac{4}{3}=\frac{4}{3}$로 씁니다. $-\frac{4}{3}$ 같이 0보다 작은 유리수는 '음수'라고 말합니다.

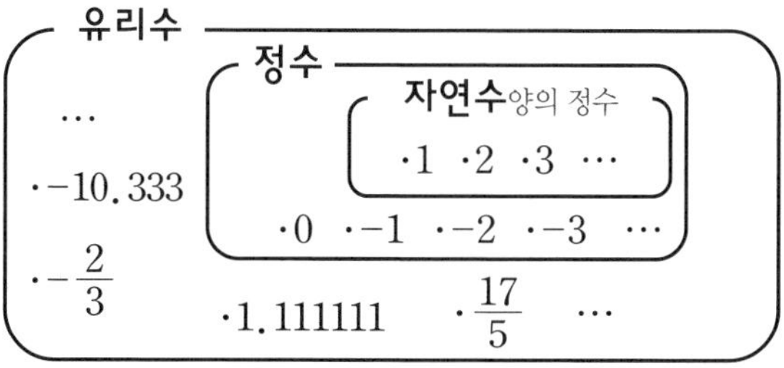

유리수
…
·−10.333
·$-\frac{2}{3}$
정수
자연수양의 정수
·1 ·2 ·3 …
·0 ·−1 ·−2 ·−3 …
·1.111111 ·$\frac{17}{5}$ …

"선생님, −10.333은 소수인데요. 소수도 유리수예요?"

모든 소수가 유리수라고 말할 수는 없지만 분수 모양인 유리수는 당연히 소수로 표현이 가능합니다. 우리는 나눗셈을 할 수 있기 때문에 $\frac{1}{3}$을 1÷3으로 계산하게 되면 0.33333333…이 되는 것을 알 수가 있습니다.

그런데 0.33333333…이 0.33333과는 다르다는 것을 느끼고 있나요? '…' 라는 부호는 생략 표시로, $\frac{1}{3}$을 소수로 표현할 때 1을 3으로 아무리 나누어도 나누어떨어지지 않고 계속해서 나누게 되는 것을 알려줍니다. 여기에도 무한이 숨겨져 있었네요.

소수도 크게 두 가지로 분류할 수가 있습니다. 소수점 아래 숫자의 개수가 유한개인 유한소수와 무한개인 무한소수입니다.

초등학교 때 다루는 소수들은 대부분 유한소수입니다.

유리수들 중에 유한소수가 되는 것들은 분모를 소인수분해[8]했을 때 2 또는 5만을 소인수로 갖습니다. 유리수 중 그렇지 않은 것들은 소수 모양으로 고치면 무한소수가 됩니다. 물론 그냥 무한소수가 아니라 반복되는 부분이 나타나는 무한소수가 됩니다.

[8] **소인수분해** 어떤 자연수를 소수들만의 곱으로 나타내는 것.

순환소수 소수점 이하 어떤 자리로부터 몇 가지의 수가 같은 순서로 한없이 반복되는 무한소수.

소수점 아래 어떤 자리부터 몇 개의 숫자들이 계속해서 반복되는 부분이 나타나는 무한소수들은 특별히 순환소수[8]라고 말합니다. 유리수는 유한소수와 순환소수로만 나타내어집니다.

중요 포인트

- 유한소수 : 소수점 아래 숫자의 개수가 유한한 소수 ─ 유리수
- 무한소수 : 소수점 아래 숫자가 무한히 많은 소수
  - 순환소수 ─ 유리수
  - 비순환소수 ─ 무리수

순환하지 않는 무한소수가 등장했군요. 무리수라고 부르는 엄청난 수의 집합으로, 이것을 모두 이야기하자면 오늘 유리수에 관한 이야기는 더 이상 할 수가 없을 것 같습니다. 무리수에 대

한 이야기는 다른 시간에 자세히 알려 주겠습니다.

유리수 $\frac{1}{3}$은 0.3333333…으로 순환소수라는 것을 이제 알았지요? 자, 이제 모든 사람들이 한 번씩은 의문을 품게 되는 이야기를 잠시 소개하겠습니다.

$\frac{1}{3}=0.3333333\cdots$의 양변에 3을 곱해 봅시다.

$\frac{1}{3}\times 3=0.3333333\cdots\times 3$

$1=0.9999999999999999\cdots$

여기서 분명히 1과 0.99999…가 같다는 것을 볼 수가 있습니다. 0.99999…에서 소수점 아래에 9라는 숫자가 무한히 나오기 때문에 1에 가까이 간다는 생각은 들지만 완전히 똑같다는 생각은 받아들이기가 쉽지 않습니다. 이렇게 무한에 대해 언제라도 충분히 크게또는 작게 할 수 있고 끝남이 없는 것으로 현실적으로는 존재하지 않는다고 생각하는 것을 가무한의 개념이라고 합니다.

고대 수학자 아리스토텔레스 이래로 나 칸토어 이전까지 대부분의 수학자들도 이렇게 생각했습니다. 그러나 1과 0.99999…가 같다는 것은 초한수를 인정하는 실무한의 개념에서 보면 실제입니다. 이것을 증명하는 데는 고등학교에서 배우는 극한 개념이 필요합니다.

극한[9]은 한 수열이 우리가 원하는 만큼 가깝게 접근하면서도 실제로는 거기에 도달하지 않게 되는 수를 말하는 것으로 '무한히 가까이 가는 과정'과 '그 과정이 구체적인 사실로 나타난 결과인 극한 값'이라는 두 가지 의미가 함께 있습니다. 0.99999…는 무한의 과정이 사실로 나타난 결과로, 실제로 존재하는 극한값이며 이것은 정확히 '1과 동일한 실체'입니다. 설명 중에 너무 어려운 말들이 많이 나왔지요? 이 이야기에 대해서는 다른 수업에서 좀 더 다루겠습니다. 어려운 이야기 때문에 졸고 있는 친구들이 있어서 잠시 쉬도록 하지요.

9 극한 어떤 양이 일정한 규칙에 따라 어떤 일정한 값에 한없이 가까워지는 일.

다른 아이들이 뛰어다니며 노는 동안 단짝 친구인 희수와 진희는 누구의 키가 더 큰지 궁금해졌습니다. 그래서 벽에 각자 키를 표시하여 비교하기로 했습니다. 칸토어와 아이들도 다 같이 벽에 표시된 키 높이를 보았는데 거의 차이가 나지 않았습니다.

학교에서 키를 쟀을 때 몇 cm였나요?

"160.5cm요."

"저도 160.5cm였어요."

희수와 진희의 키가 정말 같을까요? 두 사람 모두 160.5cm일 수도 있지만 반올림 때문에 진짜 키 높이와 다를 수도 있습니다. 키를 잴 때 소수 둘째 자리에서 반올림을 했다면 160.45cm인 친구의 키도 160.5cm가 되고 160.51cm인 친구도 160.5cm가 될 테니까요. 즉 160.45cm 이상부터 160.55cm 미만인 길이는 모두 160.5cm라고 했을 것입니다. 정확하게 키를 잰다는 것은 어려운 일이지요.

자, 이제 다시 유리수에 대한 이야기를 계속하겠습니다. 160.45 이상 160.55 미만 사이에는 얼마나 많은 유리수가 있을까요?

"음…… 아주 많을 것 같아요. 160.451, 160.45111111, 160.452, … 정말 많겠네요."

아주 많은 정도가 아니라 무수히 많은 유리수가 들어 있습니다. 160과 161 사이의 정수를 찾으라고 하면 한 개도 없지만 160과 161 사이의 유리수를 찾으라고 하면 역시 무수히 많은 유리수를 생각할 수 있습니다. 이런 성질을 바로 '조밀성'이라고 부릅니다.

유리수가 조밀하다는 것은 밀도가 높다는 말입니다. 밀도는 빽빽한 정도를 가리키는 말로, 인구밀도라는 것은 어떤 일정한 크기의 지역 내에 사는 사람들 수가 많은지 적은지를 나타냅니다.

유리수의 밀도가 높다는 말은 어떤 두 개의 유리수를 우리가 선택하더라도 그 사이에 항상 하나 이상의 유리수가 있다는 것을 뜻합니다. $\frac{1}{1002}$과 $\frac{1}{1000}$ 사이의 유리수를 생각해 보면 $\frac{1}{1001}$, $\frac{1001}{1002000}$ 등 수없이 많은 유리수가 있습니다.

반면에 자연수와 정수는 조밀하지 않습니다. 2, 3처럼 연이은 자연수 사이에는 다른 자연수가 없습니다.

−100, −99처럼 연이은 정수 사이에도 다른 정수가 없습니다.

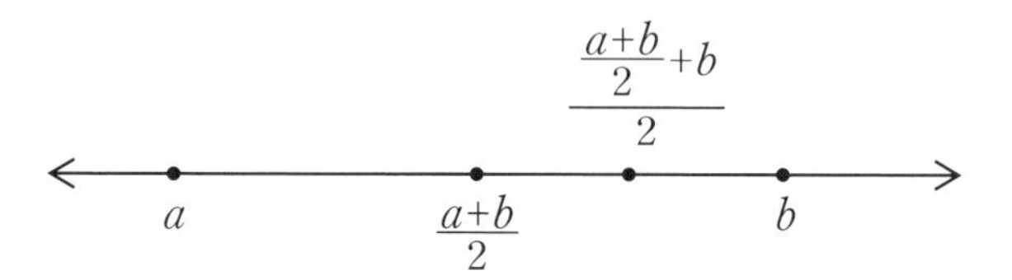

임의의 유리수 a, b 사이에는 또 다른 유리수 $\frac{a+b}{2}$가 있고, 이런 방법으로 새로운 유리수를 얼마든지 계속 찾아낼 수 있습니다. 따라서 아무리 가까운 유리수 사이라도 그 사이에는 평생 동안 세어도 여전히 셀 수 없을 만큼 많은 유리수가 존재합니다.

유리수의 기수

지난 시간에 힐베르트 호텔에서 자연수와 정수가 대등한 집합이라는 설명을 했었지요? 정수의 집합을 우리가 늘 생각하는 방식으로 …, −5, −4, −3, −2, −1, 0, 1, 2, 3, 4, 5, … 이렇게 배열하면 자연수와 일대일 대응을 지을 수가 없지만 자연스런 배열을 포기하고 0, 1, −1, 2, −2, 3, −3, … 이런 방법으로 배열하면 모든 정수를 자연수 하나하나와 대응시킬 수 있었습니다.

그렇다면 유리수는 어떤 집합일까요? 자연수나 정수와 대등한

집합일까요, 아니면 그 기수[10]가 더 큰 집합일까요? 유리수는 분명히 자연수나 정수를 진부분집합으로 포함하고 있고 게다가 조밀성까지 가지고 있습니다. 그렇기 때문에 언뜻 생각하면 유리수의 집합은 왠지 자연수나 정수의 집합과는 관계가 없을 것 같습니다.

⑩ 기수 두 집합이 일대일 대응 관계를 가질 때 대응되는 원소의 수.

그러나 놀랍게도 유리수 전체의 집합이 자연수나 정수 집합과 대등하다는 것이 밝혀집니다. 유리수를 알맞게 배열하는 것이 정수에서 배열을 생각할 때보다 더 어려웠지만 유리수 집합도 자연수나 정수 집합과 대응을 시킬 수 있었습니다. 두 유리수 사이에 수많은 유리수를 갖는 밀도 높은 유리수 집합과 띄엄띄엄 그 간격이 느껴지는 밀도가 낮은 정수나 자연수 집합이 같은 기수를 가진 집합이라는 것을 확인할 수 있었지요. 역시 무한의 세계는 함부로 말할 수 없는 신비한 세계입니다.

그 방법은 생각보다 간단한 것입니다. 내가 증명한 이 방법은 대각화 증명Diagonalization Proof이라고 불립니다. Diagonalization에서 Diagonal은 '사선, 대각선'을 나타내는 말입니다. 나는 유리수를 잘 배열한 후 대각선을 따라 수를 읽어내는 방법을 사용했습니다. 사람들은 유리수가 무수히 많고 하나하나 배열하기 어렵다고 생각했지만 나는 양의 유리수를 다음과 같이 배열했습니다.

$$
\begin{array}{lllllllll}
\frac{1}{1} & \frac{2}{1} & \frac{3}{1} & \frac{4}{1} & \frac{5}{1} & \frac{6}{1} & \frac{7}{1} & \frac{8}{1} & \cdots \\
\frac{1}{2} & \frac{2}{2} & \frac{3}{2} & \frac{4}{2} & \frac{5}{2} & \frac{6}{2} & \frac{7}{2} & \frac{8}{2} & \cdots \\
\frac{1}{3} & \frac{2}{3} & \frac{3}{3} & \frac{4}{3} & \frac{5}{3} & \frac{6}{3} & \frac{7}{3} & \frac{8}{3} & \cdots \\
\frac{1}{4} & \frac{2}{4} & \frac{3}{4} & \frac{4}{4} & \frac{5}{4} & \frac{6}{4} & \frac{7}{4} & \frac{8}{4} & \cdots \\
\frac{1}{5} & \frac{2}{5} & \frac{3}{5} & \frac{4}{5} & \frac{5}{5} & \frac{6}{5} & \frac{7}{5} & \frac{8}{5} & \cdots \\
\frac{1}{6} & \frac{2}{6} & \frac{3}{6} & \frac{4}{6} & \frac{5}{6} & \frac{6}{6} & \frac{7}{6} & \frac{8}{6} & \cdots \\
\cdots\cdots & \cdots\cdots & \cdots\cdots & \cdots\cdots & & & & &
\end{array}
$$

배열의 첫 번째 행은 자연수들입니다. 즉 1을 분모로 하는 분수들을 나타냅니다. 두 번째 행은 2를 분모로 하는 분수들이고, 세 번째 행은 3을 분모로 하는 분수들, n번째 행은 n을 분모로 하는 분수들입니다. 한 행에는 같은 분모를 갖고 있으나 그 크기가 다른 분수들을 작은 것에서 큰 순서로 배열하였습니다. 이 배열 안에서 나는 다음과 같이 수들을 세어 나갔습니다.

$$
\begin{array}{ccccccccc}
\frac{1}{1} \to & \frac{2}{1} & \frac{3}{1} \to & \frac{4}{1} & \frac{5}{1} \to & \frac{6}{1} & \frac{7}{1} & \frac{8}{1} & \cdots \\
\frac{1}{2} & \frac{2}{2} & \frac{3}{2} & \frac{4}{2} & \frac{5}{2} & \frac{6}{2} & \frac{7}{2} & \frac{8}{2} & \cdots \\
\frac{1}{3} & \frac{2}{3} & \frac{3}{3} & \frac{4}{3} & \frac{5}{3} & \frac{6}{3} & \frac{7}{3} & \frac{8}{3} & \cdots \\
\frac{1}{4} & \frac{2}{4} & \frac{3}{4} & \frac{4}{4} & \frac{5}{4} & \frac{6}{4} & \frac{7}{4} & \frac{8}{4} & \cdots \\
\frac{1}{5} & \frac{2}{5} & \frac{3}{5} & \frac{4}{5} & \frac{5}{5} & \frac{6}{5} & \frac{7}{5} & \frac{8}{5} & \cdots
\end{array}
$$

....

화살표가 알려주는 방향에 따라 오른쪽으로 옮기고 대각선을 따라 내려갔다 올라갔다 하면서 다시 오른쪽으로 옮기고, 이런 과정을 무한히 계속한다면 모든 양의 유리수를 하나씩 전부 거치게 됩니다.

물론 $\frac{1}{1}, \frac{2}{2}, \frac{3}{3}, \frac{4}{4}$와 같이 이미 처음에 지나갔던 유리수를 다른 모습으로 만나게 되기도 합니다. 이런 경우에는 처음에 만난 것만을 배열하고 나머지는 건너뛰면서 배열하면 됩니다. 이런 식으로 배열하면 모든 양의 유리수를 한 줄로 하나씩 하나씩 배열할 수 있습니다.

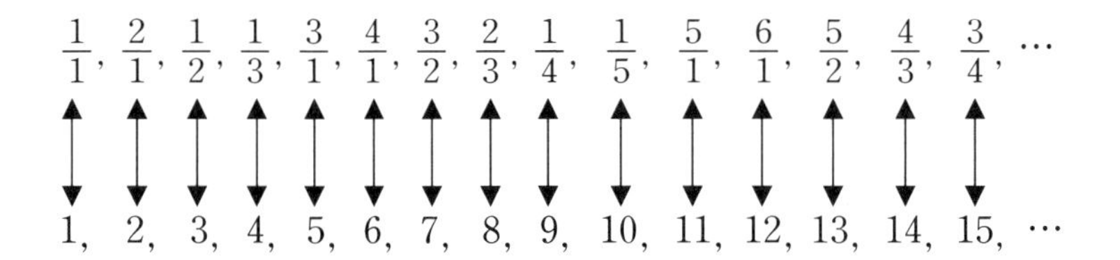

즉 유리수의 배열에 1부터 자연수를 하나씩 대응시키면 모든 양의 유리수를 자연수 하나하나와 일대일 대응시킬 수 있습니다. 이런 방법을 이용하면 유리수의 전체 집합은 자연수의 전체 집합과 그 기수가 같고 대등한 집합임을 확인할 수 있습니다.

밀도가 다른 유리수와 자연수가 같은 기수를 갖는다는 것은 바로 유리수와 정수도 같은 기수를 갖는다는 것을 의미하는 것입니다. 즉 '정수만큼 많은 유리수가 있다' 는 문장이 참이 되는 것이지요.

오늘은 유리수의 무한의 단계가 정수나 자연수의 무한의 단계와 같다는 것을 확인하는 놀라운 시간이었습니다. 마지막으로 유리수 전체 집합에 대해서 자연수와 일대일 대응시키는 수 배열을 관찰하며 이번 시간을 정리해 보세요.

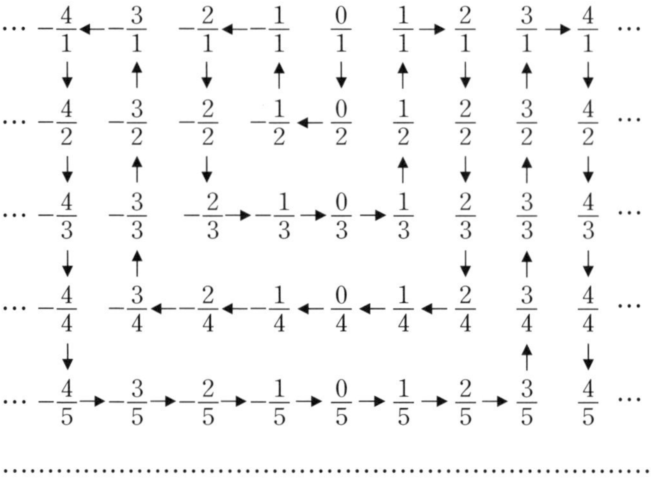

$$
\begin{array}{ccccccccccccccccccc}
\cdots & -\frac{4}{1} & \leftarrow & -\frac{3}{1} & & -\frac{2}{1} & \leftarrow & -\frac{1}{1} & & \frac{0}{1} & & \frac{1}{1} & \rightarrow & \frac{2}{1} & & \frac{3}{1} & \rightarrow & \frac{4}{1} & \cdots \\
 & \downarrow & & \uparrow & & \downarrow & & \uparrow & & \downarrow & & \uparrow & & \downarrow & & \uparrow & & \downarrow & \\
\cdots & -\frac{4}{2} & & -\frac{3}{2} & & -\frac{2}{2} & & -\frac{1}{2} & \leftarrow & \frac{0}{2} & & \frac{1}{2} & & \frac{2}{2} & & \frac{3}{2} & & \frac{4}{2} & \cdots \\
 & \downarrow & & \uparrow & & \downarrow & & & & & & \uparrow & & \downarrow & & \uparrow & & \downarrow & \\
\cdots & -\frac{4}{3} & & -\frac{3}{3} & & -\frac{2}{3} & \rightarrow & -\frac{1}{3} & \rightarrow & \frac{0}{3} & \rightarrow & \frac{1}{3} & & \frac{2}{3} & & \frac{3}{3} & & \frac{4}{3} & \cdots \\
 & \downarrow & & \uparrow & & & & & & & & & & \downarrow & & \uparrow & & \downarrow & \\
\cdots & -\frac{4}{4} & & -\frac{3}{4} & \leftarrow & -\frac{2}{4} & \leftarrow & -\frac{1}{4} & \leftarrow & \frac{0}{4} & \leftarrow & \frac{1}{4} & \leftarrow & \frac{2}{4} & & \frac{3}{4} & & \frac{4}{4} & \cdots \\
 & \downarrow & & & & & & & & & & & & & & \uparrow & & \downarrow & \\
\cdots & -\frac{4}{5} & \rightarrow & -\frac{3}{5} & \rightarrow & -\frac{2}{5} & \rightarrow & -\frac{1}{5} & \rightarrow & \frac{0}{5} & \rightarrow & \frac{1}{5} & \rightarrow & \frac{2}{5} & \rightarrow & \frac{3}{5} & & \frac{4}{5} & \cdots
\end{array}
$$

……………………………………………………………

네 번째
수업 정리

❶ 유리수 분자와 분모($\neq 0$)가 모두 정수인 분수의 꼴로 나타낼 수 있는 수입니다.

$\frac{a}{b}$(a, b는 정수, $b \neq 0$)

❷ 유리수에는 0보다 큰 양의 부호가 붙은 양수, 0보다 작은 음의 부호가 붙은 음수가 있고, 정수 집합은 유리수 집합에 포함됩니다.

❸ 소수의 종류 유한소수는 소수점 아래 숫자의 개수가 유한한 소수이고, 무한소수는 소수점 아래의 숫자가 무한히 많은 소수입니다. 무한소수 중 소수점 아래의 숫자가 반복되는 부분이 계속해서 나타나는 것을 순환소수라고 합니다. 소수점 아래의 숫자에 반복되는 부분이 나타나지 않으면 비순환소수라고 합니다.

❹ 유리수는 유한소수와 순환소수로만 나타내어집니다.

❺ 조밀성 유리수는 어떤 두 개의 유리수를 선택하든 그 사이에 항상 하나 이상의 유리수가 있는 '조밀성' 을 갖고 있습니다.

❻ 유리수를 적절히 배열하면 자연수와 하나씩 대응되며, 따라서 유리수 전체 집합은 자연수나 정수 전체 집합과 일대일 대응시킬 수 있고 같은 기수를 갖습니다.

가산집합

셀 수 있는 집합

셀 수 있는 집합이란 무엇일까요?
무한집합 중 셀 수 있는 집합을 통해
무한집합의 성질을 좀 더 알아봅시다.

다섯 번째 학습 목표

1. 자연수로 만든 형상수의 규칙을 찾아보고, 자연수를 논리적으로 설명한 '페아노 공리'를 알아봅니다.
2. 무한집합 중 가산집합셀 수 있는 집합이 무엇인지 알아보고, 가산집합의 여러 성질을 통해 유한집합과 무한집합의 차이점을 생각해 봅니다.

미리 알면 좋아요

1. **명제** 논리적인 판단을 언어나 기호로 나타낸 것으로, 참이나 거짓을 판별할 수 있는 문장.

   예를 들어, '강아지는 식물이다'라는 문장을 들으면 우리는 거짓이라는 것을 바로 판단할 수 있습니다. 수학 내용은 대부분 명제로 이루어져 있습니다. 일반적으로 'p이면 q이다'의 꼴로 되어 있고 이때 앞부분을 가정전건, 뒷부분을 결론후건이라 합니다. '기수가 같은 두 집합은 대등한 집합들이다'라는 명제는 참일까요? 한 번 생각해 보세요.

2. **정리** 이미 참인 것이 증명된 일반적인 명제.

   예를 들어, 중학교에서 나오는 명제 '이등변삼각형의 두 밑각의 크기는 같다'는 이등변삼각형의 정의와 삼각형의 합동조건을 이용하여 오래전에 증명이 끝난 명제입니다. 수학시간에 배우는 여러 가지 개념이나 성질들은 수학자들이 논리적인 증명을 이미 해놓은 '정리'들입니다. 어떤 명제의 옳고 그름을 논리적으로 밝히는 증명은 학생들 수준에서 배우기에 어려운 것들이 많기 때문에 학교 수학에서는 이해할 수 있는 범위 내에서 몇 가지만을 다루고 있습니다. 그래서 우리는 대부분 정리를 간단한 설명으로만 익히고 그것을 이용하여 여러 가지 문제를 해결합니다.

칸토어의 다섯 번째 수업

칸토어는 아이들과 수학 박물관에서 고대 수학에 관련된 책과 물건들을 보고 있습니다.

피타고라스 전시실에 들어간 아이들은 여러 가지 전시물을 보다가 점과 선으로 이루어진 이상한 그림들이 무엇인지 칸토어에게 물어보았습니다.

다음 그림은 형상수입니다.

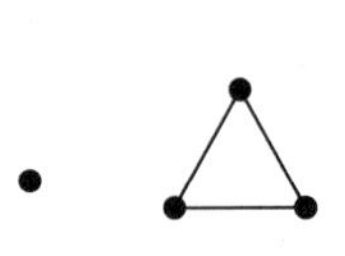 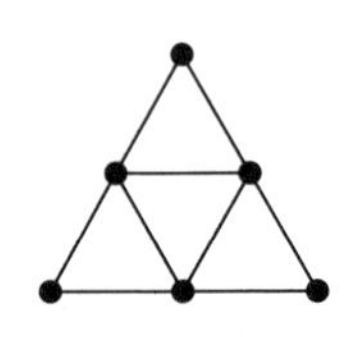 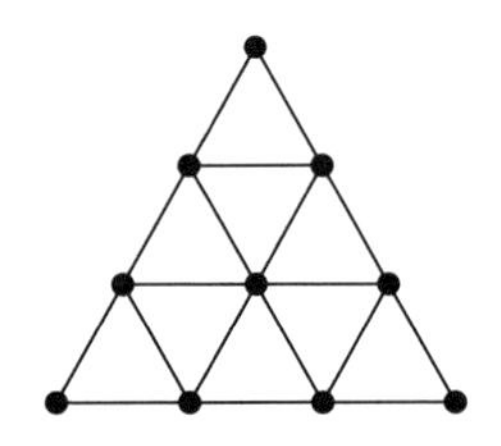

피타고라스 B.C.582~B.C.497
만물의 근원을 수로 본 그리스 수학자.

고대 그리스 시대의 피타고라스[11]학파는 우주 만물이 수로 이루어져 있다고 믿었습니다. 그래서 다양한 연구를 시도했는데, 도형을 이용하여 숫자를 표현하고 수와 도형의 관계를 밝히는 연구도 이루어졌습니다. 이 중 도형으로 묘사된 자연수를 형상수라고 합니다. 형상수에는 일정한 규칙이 숨겨져 있습니다. 방금 본 형상수는 어떤 규칙을 갖고 있을까요?

"규칙을 찾는 것이 어려워요. 일단 점의 개수를 세어 보면 처음에는 점이 1개, 두 번째는 점이 3개, 세 번째는 점이 6개, 네 번째는 점이 10개가 있어요."

맞습니다. 점의 개수가 1, 3, 6, 10으로 배열되어 있군요. 연달아 나오는 숫자들의 차이를 구해 본다면 어떻게 될까요?

"3-1=2, 6-3=3, 10-6=4. 아! 차이가 1씩 커지네요."

그렇습니다. 10 다음에 오는 그림은 점의 개수가 15개가 됩니다. 이 형상수는 모양이 삼각형으로 배열된다고 하여 삼각수라고 부릅니다.

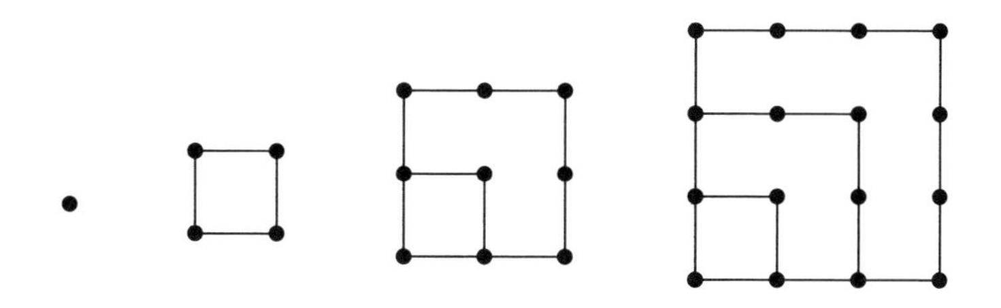

이 그림은 사각수입니다. 사각형의 배열로 표현된 수로, 점의 개수가 1, 4, 9, 16, …으로 배열됩니다. 연이어 배열된 수들의 차이를 구해 보면 3, 5, 7, …로 증가하는 규칙성을 찾을 수 있습니다. 여기 전시되어 있지 않지만 오각수도 있습니다. 규칙이 무엇인지 혹시 예상할 수 있나요?

"음…… 그 차이가 4, 7, 10, …으로 증가하지 않을까요?"

아주 잘 생각했습니다. 수의 차이가 4, 7, 10, …으로 증가하기 때문에 점의 개수가 1, 5, 12, 22, …로 커지게 됩니다.

이 밖에도 평면도형의 모양을 이용한 형상수가 더 있고, 삼각뿔수와 같이 입체로 표현되는 형상수도 있답니다.

형상수 이외에도 피타고라스학파는 다양한 연구 결과들을 내었고, 그것들은 수학이라는 나무의 중요한 뿌리가 되었습니다.

자연수는 우리가 친숙하게 여기는 수입니다. 돈을 셀 때, 나이를 셀 때, 물건을 살 때 등등 생활 곳곳에서 자연수를 자주 이용합니다. 그러나 자연수의 존재를 실제로 본다는 것은 불가능합니다. 왜냐하면 수는 결국 허구의 세계, 우리 정신 속의 세계이니까요.

비록 수가 현실적인 필요에 의해 만들어진, 사물의 그림자 같은 존재이지만 그 수의 세계 안에는 여러 규칙들이 있고, 마치 살아 움직이는 것처럼 여러 성질들을 가지고 있습니다. 그래서 자연 속에서 나타나는 법칙들이 수학적으로 설명이 가능합니다. 때로는 소수의 성질을 이용해서 암호를 만드는 것처럼 수가 가진 고유의 성질들로 현실 세계의 문제들을 해결하기도 하지요.

그리고 거기서 더 나아가 수의 세계는 현실 세계에 구속되지 않고 자유롭게 발전되고 있습니다. 바로 자연수와 정수를 주인공으로 다루는 정수론이 대표적인 그런 수학분야입니다.

나를 괴롭힌 것으로 더 유명해진 크로네커 교수도 사실은 정수론을 다룬 아주 유명한 수학자입니다. 이런 말을 남기기도 했지요.

"자연수정수는 신께서 만드셨다. 그 나머지 모든 것은 인간이 만들어 낸 것이다."

나도 신이 나에게 무한을 알려 주었다고 생각하고 있었는데 크로네커 교수도 자연수와 정수를 연구하는 과정에서 그 위대함을 느끼며 이런 말을 남긴 것 같습니다.

페아노, 1858~1932

우리가 잘 안다고 생각하는 자연수가 무엇인지 논리적으로 설명한 수학자가 있었습니다. 그는 이탈리아의 페아노 Giuseppe Peano, 1858~1932라는 수학자로 페

⑫ 공리 수학이나 논리학 등에서 증명이 없이 저절로 알만큼 명백한 진리. 다른 명제를 증명하는 데 전제가 되는 원리.

아노 공리를 만들었습니다. 수학에서 공리⑫라는 것은 이론의 기초로 가정한 명제로, 증명이 필요 없는 확실한 명제를 말합니다. 기호와 식으로 표현된 페아노 공리는 다음과 같습니다. 오른쪽은 기호로 이루어진 문장을 말로 풀어 낸 것입니다.

중요 포인트

페아노 공리

- $1 \in \mathbb{N}$: 1은 자연수이다.
- $x \in \mathbb{N}$ 이면 $x^{+} \in \mathbb{N}$이다. : 자연수의 바로 뒤 원소는 자연수이다.
- 모든 $x \in \mathbb{N}$에 대하여, $x^{+} \neq 1$이다. : 1은 어느 자연수의 바로 뒤 원소가 아니다.
- $x \neq y$이면 $x^{+} \neq y^{+}$이다. : 서로 다른 두 자연수의 바로 뒤 원소는 서로 다르다.
- (1) $1 \in X$

  (2) $x \in X$ 이면, $x^{+} \in X$이다. 그러면 $X = \mathbb{N}$이다.

  : 어떤 성질이 1에 대하여 성립하고, 또 자연수 x에 대하여 성립할 때 x의 바로 뒤 원소에 대하여도 성립한다면, 그 성질은 모든 자연수에 대하여 성립한다.

앞의 네 가지 내용은 1이 가장 작은 자연수이고 자연수에 1을 더한 바로 뒤의 원소도 자연수이며, 서로 다른 두 자연수에 연이어 나오는 자연수는 서로 다르다는, 우리가 바로 생각할 수 있는 기본적인 내용이고, 마지막 다섯 번째는 고등학교 과정에서 나오는 증명 방법의 하나인 수학적 귀납법[13]의 원리입니다.

페아노 공리를 통해 우리는 자연수가 체계적인 성질을 가졌다는 것을 확인할 수 있습니다.

13 **수학적 귀납법** 자연수 n에 관한 명제가 $n=1$일 때 참이고, $n=k$일 때 참이라고 가정하고 $n=k+1$일 때도 참임을 보여서 그 명제가 모든 자연수 n에 대하여 성립한다고 증명하는 방법.

실생활에서는 쉽게 사용하는 자연수이지만 수학적, 논리적으로 설명하는 것이 결코 쉽지 않다는 것을 깨닫게 되지요? 우리 인류가 처음 수를 셀 때에는 단순히 내가 잡은 동물이 몇 마리인지, 나의 가족이 몇 명인지의 개수를 헤아리는 정도의 수준이었지만 수 천 년 동안 사고가 발달하면서 '수'라는 개념이 완전히 추상적으로 사용되게 되었습니다.

가산집합 셀 수 있는 집합

지금까지 우리에게 친숙한 자연수가 추상적인 수의 집합이라는 것을 확인했습니다. 이제부터 자연수 집합이 무한의 세계에서 어떤 역할을 하고 있는지 설명하겠습니다.

일반적으로 우리가 두 개의 유한집합에 대해서 비교할 때 원소의 개수濃수를 아는 것만으로 충분합니다. 그런데 무한집합은 지난 시간에 배운 것처럼 진부분집합 중에 자신과 대등한 부분집합들이 있기 때문에 기수를 아는 것만으로는 두 무한집합을 비교하는 것이 충분치 않습니다.

그래서 무한집합들을 비교하는 기준으로 자연수 전체의 집합을 고려하게 됩니다. 제곱수의 집합이나 짝수, 홀수의 집합은 자연수 전체의 집합과 대등[14]인 집합입니다. 그러나 무한집합 중에는 그렇지 않은 것들도 있습니다.

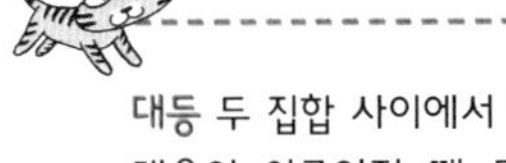

⑭ 대등 두 집합 사이에서 일대일 대응이 이루어질 때 두 집합 사이의 관계.

무한집합 중에 자연수 전체 집합과 일대일 대응이 가능한 집합들은 가산집합셀 수 있는 집합이라고 부릅니다. 셀 수 있는 집합은 자연수 전체의 집합과 대등하므로 그 기수를 가산可算 기수라 하고 $\aleph_0$알레프-제로라고 합니다. 따라서 가산집합인 짝수, 홀수, 제곱수의 집합은 그 기수가 모두 $\aleph_0$입니다. 수학책에 따라 자연수와 대등한 집합들과 유한집합까지 포함하여 가산집합이라 말하기도 합니다. 그래서 자연수와 대등한 집합들은 각 원소마다 번호를 붙일 수 있는 집합이란 뜻으로 가부번집합이란 이름을 가질 때도 있습니다.

중요 포인트

가산집합

자연수의 집합과 일대일로 대응하는 무한집합.

즉 모든 원소에 1, 2, 3, …과 같이 번호를 붙일 수 있는 집합

피타고라스 전시실에서 본 형상수들도 역시 가산집합입니다. 삼각수의 집합 {1, 3, 6, 10, 15, 21, …}, 사각수의 집합 {1, 4, 9, 16, 25, …} 모두 자연수의 진부분집합이면서 동시에 차례대로 1, 2, 3, …과 같이 번호를 붙일 수 있는, 즉 자연수와 대등한 집합입니다.

네 번째 시간에 유리수의 전체 집합과 자연수 전체 집합 사이에 일대일 대응이 가능한 유리수 배열이 있다는 것을 확인하였기 때문에 유리수도 가산집합임을 알 수 있습니다. 이 밖에

도 1과 자신 외에 약수가 없는 소수의 집합 {2, 3, 5, 7, 11, …} 도 가산집합의 한 예입니다.

자연수가 수 집합 중에서 가장 이해하기 쉬운 것처럼 무한집합 중 가산집합의 성질은 이해하고 받아들이기 쉽습니다. 무한집합의 신비로운 성질을 더 자세히 살피기 위해 가산집합에 대한 몇 가지 정리를 소개하겠습니다.

정리 1

어떤 무한집합도 적어도 한 개의 가산집합을 포함한다.

어떤 무한집합에서 원소 하나를 꺼내어 a_1이라 부릅니다. 여전히 무한집합에는 무한히 많은 원소들이 남아 있습니다. 남은 원소 중에 하나를 a_2라고 합니다. 같은 방식으로 남아 있는 원소 중 차례차례 하나씩 원소를 뽑아내어 a_3, a_4, …라고 부릅니다. 그러면 무한집합의 부분집합인 $\{a_1, a_2, a_3, a_4, \cdots\}$는 분명히 가산집합입니다. 즉 어떤 무한집합이든 한 개의 가산집합은 포함하는 것을 알 수 있습니다. 이 정리에서 더 나아가 생각해 보면 가산집합이 무한집합 중에서 가장 작은 집합임을 알 수 있다고 합니다.

정리 2

하나의 가산집합에 유한개의 원소를 덧붙여도 역시 가산집합이다.

어떤 가산집합 $\{a_1, a_2, a_3, a_4, \cdots\}$에 유한개의 원소 1, 2, 3, 4, …, n을 덧붙이면 새로운 집합 $\{1, 2, 3, 4, \cdots, n, a_1, a_2, a_3, a_4,$

…}를 만들 수 있고 다음과 같이 번호를 붙일 수 있습니다.

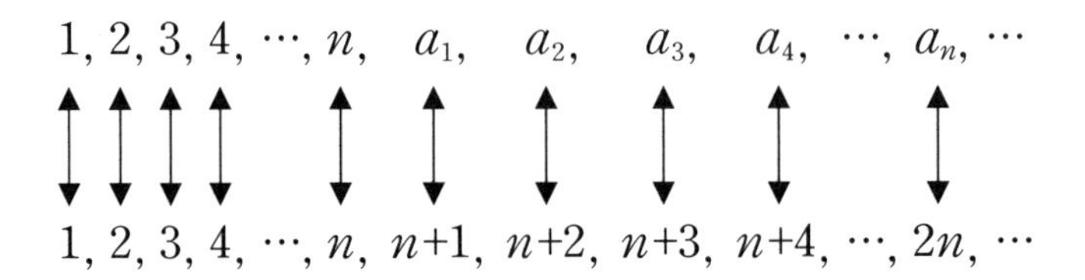

하나의 가산집합에 유한개의 원소를 덧붙일 때 역시 가산집합임을 확인할 수 있습니다. 즉 가산집합 $\{a_1, a_2, a_3, a_4, \cdots\}$의 기수와 n개 원소의 합을 기호로 나타내면 다음과 같습니다.

$$\aleph_0 + n = \aleph_0$$

정리③

두 개의 가산집합을 합하여 만든 집합 역시 가산집합이다.

가산집합의 기수로 이 정리를 표현해 볼까요?

$$\aleph_0 + \aleph_0 = \aleph_0$$

즉 자신과 자신을 더해서 자신이 나오는 수가 있다는 것입니다. $\aleph_0$와 같은 무한집합의 기수, 즉 초한수의 덧셈, 곱셈은 우리가 학교나 실생활에서 주로 다루는 실수[15]의 덧셈, 곱셈과 다른 점이 있음을 보여 주는 정리입니다. 정말 무한집합에서 이런 현상이 벌어지는지 확인해 보겠습니다. 두 개의 가산집합이 있습니다.

15 실수 유리수와 무리수를 통틀어 이르는 말로 사칙 연산이 가능하고, 양수 · 음수 · 0의 구분이 있으며, 크기의 차례가 있다.

$$\{c_1,\ c_2,\ c_3,\ c_4,\ \cdots\}$$
$$\{d_1, d_2, d_3, d_4, \cdots\}$$

우리가 정수나 유리수 집합의 적절한 배열을 정했던 것처럼 다음과 같이 번호를 부여합니다.

$$\begin{array}{l} c_1,\ c_2,\ c_3,\ c_4,\ c_5,\ c_6,\ \cdots \\ \searrow\nearrow\searrow\nearrow\searrow\nearrow\searrow\nearrow\searrow\nearrow\searrow \\ d_1, d_2,\ d_3,\ d_4,\ d_5, d_6, \cdots \end{array}$$

그러면 이 순서에 따라 배열하되 같은 것이 나오면 건너뛰도록 원소를 모아 만든 집합 $\{c_1, d_1, c_2, d_2, c_3, d_3, c_4, d_4, \cdots\}$은 두 개의 가산집합의 합집합이면서 동시에 가산집합입니다.

어떤 두 개의 가산집합을 합하여 만든 집합이 가산집합이라면 가산집합을 계속해서 합했을 때도 역시 가산집합이 나올까요? 유한집합에서는 상상도 못 할 일이지만 무한의 세계에서는 역시 가능한 것입니다. 역시 배열을 잘하고 번호를 잘 부여할 수 있다면 가산집합임을 보일 수 있습니다.

정리④

가산 개의 가산집합을 합쳐도 역시 가산집합이다.

다음과 같이 먼저 가산집합을 생각해 봅니다.

$$A_1=\{a_{11}, a_{12}, a_{13}, a_{14}, a_{15}, a_{16}, \cdots\}$$
$$A_2=\{a_{21}, a_{22}, a_{23}, a_{24}, a_{25}, a_{26}, \cdots\}$$
$$\cdots\cdots\cdots\cdots$$
$$A_n=\{a_{n1}, a_{n2}, a_{n3}, a_{n4}, a_{n5}, a_{n6}, \cdots\}$$
$$\cdots\cdots\cdots\cdots$$

그러면 다음 가산 개의 가산집합은 위의 모든 가산집합을 다 합한 것입니다.

$$a_{11} \quad a_{12} \quad a_{13} \quad a_{14} \quad a_{15} \quad a_{16} \quad \cdots$$

$$a_{21} \quad a_{22} \quad a_{23} \quad a_{24} \quad a_{25} \quad a_{26} \quad \cdots$$

$$a_{31} \quad a_{32} \quad a_{33} \quad a_{34} \quad a_{35} \quad a_{36} \quad \cdots$$

$$a_{41} \quad a_{42} \quad a_{43} \quad a_{44} \quad a_{45} \quad a_{46} \quad \cdots$$

$$a_{51} \quad a_{52} \quad a_{53} \quad a_{54} \quad a_{55} \quad a_{56} \quad \cdots$$

$$a_{61} \quad a_{62} \quad a_{63} \quad a_{64} \quad a_{65} \quad a_{66} \quad \cdots$$

$$a_{71} \quad a_{72} \quad a_{73} \quad a_{74} \quad a_{75} \quad a_{76} \quad \cdots$$

$$a_{81} \quad a_{82} \quad a_{83} \quad a_{84} \quad a_{85} \quad a_{86} \quad \cdots$$

$$\cdots\cdots\cdots\cdots\cdots$$

$$a_{n1} \quad a_{n2} \quad a_{n3} \quad a_{n4} \quad a_{n5} \quad a_{n6} \quad \cdots$$

$$\cdots\cdots\cdots\cdots\cdots$$

역시 원소들에 차례로 번호를 붙여 나가면 가산집합임이 증명됩니다.

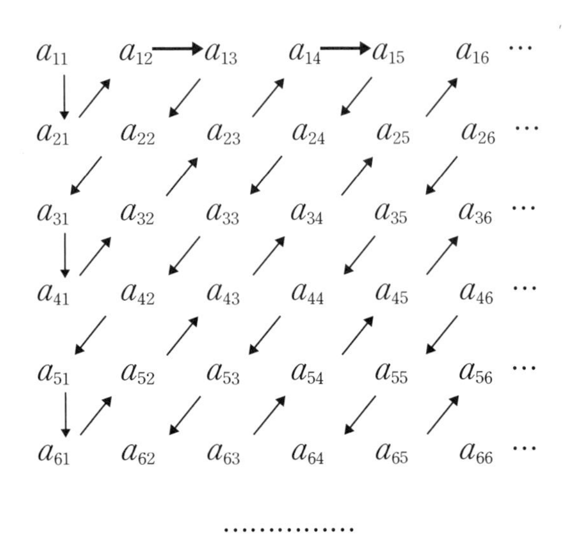

이미 번호를 붙인 것이 나타나면 건너뛰면 됩니다. 역시 가산개의 가산집합도 가산집합임을 알 수 있군요.

이번 시간에는 무한집합 중에 '셀 수 있는 집합' 즉 가산집합을 통해 무한집합의 성질에 대해서 자세히 관찰해 보았습니다. '무한' 이란 말을 처음 들었을 때는 '어려울 텐데 어떻게 이해할 수 있을까?' 라고 막연히 생각했겠지만 지금까지 여러분들은 무한집합에 대해서 잘 이해하며 수업을 들었습니다. 사람들이 무한을 무서워하며 계속 피해 다녔다면 결코 이렇게 될 수 없었겠죠?

물론 무한의 세계는 우리가 직접 느끼는 세계와 너무나 다르지만 머릿속에서 자유롭게 상상할 수 있다는 것만으로 우리는 충분히 무한을 맛 볼 수 있습니다.

다음 시간에는 한 단계 더 높은 무한의 세계를 만나볼 것입니다. 셀 수 있는 집합이 있었다면 바로 셀 수 없는 집합비가산집합도 있겠지요? 셀 수 없는 집합이 무엇인지, 그리고 그런 집합에는 무엇이 있는지 알아보겠습니다. 놀라운 무한의 세계입니다!

다섯 번째 수업 정리

1. **형상수** 도형으로 묘사된 자연수들로, 일정한 규칙을 갖고 있습니다.

2. **페아노 공리** 자연수를 논리적으로 설명한 '페아노 공리'의 내용은 다음과 같습니다.
   - 1은 자연수이다.
   - 자연수의 바로 뒤 원소는 자연수이다.
   - 1은 어느 자연수의 바로 뒤 원소가 아니다.
   - 서로 다른 두 자연수의 바로 뒤 원소는 서로 다르다.
   - 어떤 성질이 1에 대해서 성립하고 임의의 자연수 n에 대하여 성립할 때, n의 바로 뒤 원소에 대하여도 그 성질이 성립한다면, 그 성질은 모든 자연수에 대하여 성립한다. 수학적 귀납법

3. **가산집합** 셀 수 있는 집합 자연수의 집합과 일대일로 대응하는 무한집합입니다.

❹ 어떤 무한집합이든 적어도 한 개의 가산집합을 포함합니다.

❺ 하나의 가산집합에 유한개의 원소를 덧붙여도 역시 가산집합입니다.

❻ 두 개의 가산집합을 합하여 만든 집합은 역시 가산집합입니다.

❼ 가산 개의 가산집합을 합쳐도 역시 가산집합입니다.

뫼비우스 띠의 매력

1865년 독일의 수학자이며 천문학자인 뫼비우스는 이상한 띠를 발견했습니다. 띠의 어디선가 출발하기만 하면 종이의 모든 면을 돌아 원래 자리로 돌아오는 이상한 띠였어요. 긴 종이만 있다면 누구나 만들 수 있는 띠입니다. 우리가 보통 종이 고리를 만들 때 직사각형 종이 양 끝을 맞추어 붙이면 되는데, 이때 종이를 한 번 비틀어 양쪽 끝을 맞붙이면 뫼비우스 띠가 만들어집니다.

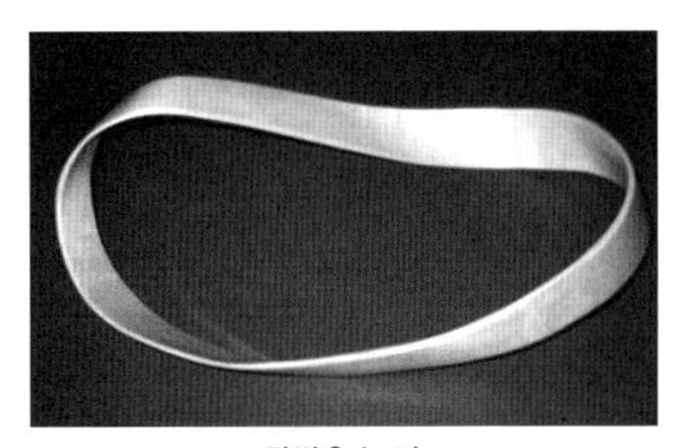
뫼비우스 띠

이렇게 쉽게 만들 수 있는 뫼비우스 띠에는 아주 놀라운 성질이 숨겨져 있습니다. 한 점에서 시작하여 띠를 따라 가다 보면 안과 밖을 구분하지 못하고 다시 원래 점으로 돌아오게 됩니다. 즉 뫼비우스 띠는 안과 밖의 구별이 없는 대표적인 물체이지요.

혹시 영화 〈아이, 로봇〉을 아나요? 유명한 영화들 중에는 소설을 각색해서 만든 경우가 많은데 〈아이, 로봇〉도 역시 원작은 아시모프가 쓴 공상과학소설이에요. 아시모프는 500권의 책을 출판한 과학 교양 도서 작가이자 공상과학소설가로 유명한 사람이에요. 글만 쓴 것이 아니라 다른 작가들의 공상과학소설을 책으로 편집하기도 했습니다. 그가 편집한 책 《우리 이제 어디로?》에는 도이치A.J. Deutch라는 작가의 소설 〈뫼비우스라는 이름의 지하철〉이 있습니다. 이 소설의 줄거리를 잠깐 소개하지요.

보스턴 지하철은 바로 전날 개통되었는데, 86번 열차가 감쪽같이 사라졌습니다. 수많은 사람들은 바로 위에서, 혹은 바로 아래에서 열차가 지나가는 소리를 들었다고 말했지만 열차를 눈으로 본 사람은 아무도 없었습니다. 열차를 찾아내기 위한 모든 노력이 수포로 돌아갔을 때, 투펠로라는 하버드 대학의 수학자가 중앙교통회의에서 놀라운 가설을 제시합니다. 즉 지하철로는 매우 복잡해서 단일면을 가지는 표면, 즉 뫼비우스 띠의 일부분을 이루게 되었는지도 모르며, 사라진 열차는 현재 띠의 반대면을 정상적으로 달리고 있을지도 모른다는 것입니다. 시정부 관계자들의 간담을 서늘하게 하면서 그는 뫼비우스 띠의 위상수학[16]적 특이성을 설명합니다. 얼마 후 사라진 열차는 다시 나타났고, 승객들은 약간 피로한 모습이었지만 모두 정상이었습니다.

[16] 위상수학 길이, 크기와 같은 양적 관계를 무시하고 도형 서로 간의 위치나 연결 방식 등을 연속적으로 변형하여 그 도형의 변하지 않는 성질을 알아내거나, 그런 변형 아래에서 얼마만큼 다른 도형이 있는가를 연구하는 수학 분야.

서울의 지하철만 하더라도 9호선을 만들고 있고, 지하철 노선도를 보면 상당히 복잡한 것을 알 수가 있어요. 이미 더 오래전에 유럽이나 미국은 지하철을 갖고 있었기 때문에 작가는 지하철 노선도를 보며 뫼비우스 띠를 떠올린 것 같습니다. 지하철 노선이 뫼비우스 띠를 이루게 된다면 엄청난 사건이 일어날 것입니다. 안과 밖의 구분이 없기 때문에 소설처럼 열차가 정상적인 선로의 반대면으로 여겨지는 선로까지 가게 되어 더 오랜 시간 동안 달린 후에 되돌아오게 됩니다.

뫼비우스 띠가 갖고 있는 이런 성질은 미적인 잠재력을 갖고 있었습니다. 그래서 스위스의 조각가 빌M. Bill, 1908~1994과 독특한 작품을 만들었던 에셔M. C. Escher, 1808~1972에 의해 미술 작품으로 나오게 됩니다.

막스 빌의 〈끝없는 표면〉

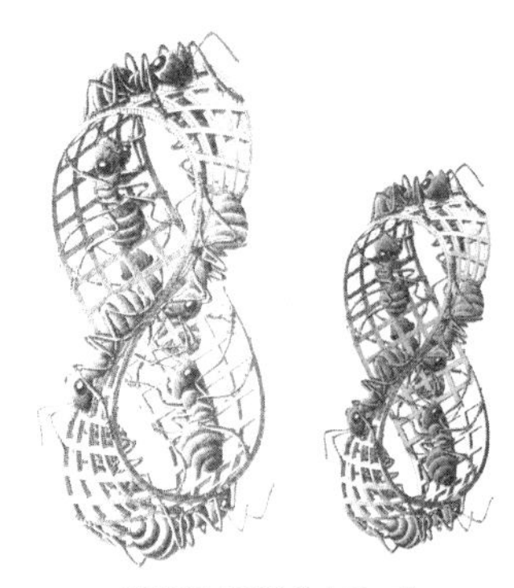

에셔의 〈뫼비우스의 띠〉

일반 고리 같은 길일 때 두 사람이 반대 방향에서 걸어와 만나려면 둘 다 바깥쪽에서 시작하거나 안쪽에서 시작해야 됩니다. 반면 뫼비우스 띠 같은 길이라면 두 사람이 반대 방향으로 걸어

갈 때 어디서 출발하든 서로 전혀 보이지 않은 시간이 항상 있게 되고 그러다 결국 한 부분에서 반드시 만나게 됩니다. 이런 오묘함 때문에 사람들은 인생의 오묘함과 아이러니 등의 특성에 비유하여 뫼비우스 띠를 미술 작품 외에도 소설의 모티브로 사용하거나 음악의 제목으로 사용하였고, 애니메이션으로 제작하기도 하였습니다.

이 뫼비우스 띠가 수학에서 보여준 진짜 매력은 '위상수학' 이라는 수학 분야의 모태가 되었다는 점입니다. 위상수학은 연속변형 하에서도 변하지 않고 유지되는 표면의 성질을 연구하는 수학 분야입니다. 예를 들어, 밀가루 반죽으로 만들어진 구를 위에서 누르면 타원 모양으로 눌리게 됩니다. 이 두 개는 위상적으로 같은 것입니다. 좀 더 쉽게 표현하면 위상수학은 얼마든지 늘어나거나 줄어 들 수 있는 이상적인 고무의 성질을 연구하는 것입니다. 고무로 만들어진 머그잔을 연속적으로 변형시키면 도넛 모양처럼 구멍이 뚫린 도형을 만들 수 있어요. 이 둘은 위상적으로 같습니다. 한편, 공 모양과 머그잔은 위상적으로 다르다고 합니다.

자! 이제 직접 뫼비우스 띠를 한 번 만들어 보세요. 갖고 있는 종이를 직사각형으로 자른 후 양쪽 끝을 이을 때 절반만큼 비틀어 연결하면 됩니다.

그리고 완성된 뫼비우스 띠를 관찰한 후 둘로 갈라 보세요. 일반적인 고리는 그 중앙선을 따라 가르면 서로 분리된 두 개의 똑같은 고리가 생기게 됩니다. 그러나 뫼비우스 띠는 중앙선을 따라 가르면 전혀 다른 결과가 나오게 되지요. 어떤 결과가 나오나요?

두 개로 분리되지 않고 하나의 연속적인 고리가 나옵니다. 그것도 두 번 뒤틀린 고리예요. 이것은 뫼비우스 띠일까요? 아닙니다. 왜냐하면 이 고리에는 두 개의 서로 다른 모서리와 안쪽, 바깥쪽 면이 있기 때문입니다. 참 신기하지요?

마지막으로 이번에는 뫼비우스 띠 전체 폭의 3분의 1이 되는 지점을 따라 잘라 보세요. 어떻게 되나요?

실수의 기수

실수는 어떤 집합일까요?
직선과 선분이 대등한 집합이라고요?
무리수와 실수에 대해서 알아보며
연속체가 무엇인지 알아봅시다.

여섯 번째 학습 목표

1. 무리수가 어떤 수인지 자세히 알아보고 실수를 정의합니다.
2. 실수를 그림으로 나타낸 직선과 선분이 대등한 집합임을 이해하고, 실수 집합이 셀 수 있는 집합이 아님을 증명해 봅니다.
3. 이차방정식의 활용에 대해 알 수 있습니다.

미리 알면 좋아요

1. **피타고라스 정리** 어떤 직각삼각형이든 빗변 길이의 제곱은 나머지 두 변의 길이 각각의 제곱의 합과 같다는 정리.

   예를 들어, 직각 삼각형의 밑변이 3, 높이가 4라면 피타고라스 정리에 의해 $3^2+4^2=5^2$이므로 빗변의 길이는 5입니다. 피타고라스가 이 정리의 증명을 하기 전에 이미 사람들은 직각이 필요할 때 이 정리 내용을 이용했다고 합니다. 동양에서는 피타고라스보다 더 오래 전에 중국에서 이 정리를 발견하고 증명한 책이 발견되었고, 피타고라스 이후로도 많은 사람이 증명하여 더욱 유명해진 정리입니다.

2. **직선과 선분** 선이란 폭이 없는 길이로, 직선은 두 점 사이를 가장 짧은 거리로 이은 후 양쪽으로 곧게 연장한 선이고, 선분은 직선의 일부분으로, 직선 위의 두 점 사이의 한정된 부분.

   예를 들어, 직선은 보통 선들 중에 똑바른 것을 나타내고, 선분은 두 점 사이의 거리를 나타냅니다. 선은 수학에서 점, 면처럼 구체적인 정의를 하지 않고 그 성질과 내용으로 설명하게 됩니다. '두 점을 지나서 직선을 그을 수 있고, 그 직선은 단 하나만 존재한다', '두 직선이 만날 때 일치하지 않으면 오직 한 점에서 만난다'와 같은 내용들을 통해 우리는 직선을 추상적으로 이해할 수 있습니다.

칸토어의 여섯 번째 수업

칸토어는 아이들과 함께 절친한 친구 데데킨트를 만나고 왔습니다. 아이들은 데데킨트로부터 남보다 앞선 연구 때문에 힘들었던 어려운 시기와 두 사람의 업적에 대한 이야기를 들었습니다.

내 친구 데데킨트는 훌륭한 수학자입니다. 그와 처음 만난 것은 1872년 내가 스위스에 휴가를 보내러 갔을 때였습니다. 대수학자 가우스의 마지막 제자인 그는 정수론에 관한 논문으로 21

세에 박사가 되었고, 브라운슈바이크 고등기술학교에서 50년 동안 제자를 길러 냈습니다. 그의 뛰어난 업적은 무리수[17]의 개념을 명확히 한 것입니다. 하지만 나처럼 그 이론을 발표했을 당시에는 인정을 받지 못했습니다. 우리는 이런 공통점 때문에 친해졌는지도 모릅니다. 우리 우정에도 힘든 시기가 있었습니다. 내가 일하고 있던 대학에서 연구를 함께하자고 데데킨트를 할레 대학으로 초청했었는데 급여 문제로 데데킨트가 거절했습니다. 그래서 내가 너무 낙담한 나머지 연락을 잘 하지 않아 무려 17년 동안이나 편지를 주고받지 않은 적도 있었습니다. 하지만 그래도 우리는 남들보다 앞선 연구로 힘들어 하던 시기에 유일하게 서로를 지지한 남다른 친구들입니다.

데데킨트, 1831~1916

[17] 무리수 실수이면서 정수나 분수의 형식으로 나타낼 수 없는 수.

방금 데데킨트의 가장 유명한 연구가 무리수에 대한 것이라고 말했습니다. 그럼 무리수가 무엇인지 기억이 나나요?

아이들 대부분 고개를 갸우뚱거렸습니다. 그런데 명훈이가 갑자기 칠판에 분필로 이상한 기호와 숫자를 적으며 말을 하기 시작했습니다.

"아! 혹시 $\sqrt{2}$ 이런 것 아닌가요? 형이 공부할 때 너무 이상해 보여서 물어본 적이 있어요. 지난번에 선생님께서 말씀하신 적도 있어서 기억해요."

하하, 맞습니다. $\sqrt{2}$는 무리수입니다. 그리고 네 번째 시간에 잠깐 무리수에 대해 말한 적이 있었습니다. 그때 소개하기를 순환하지 않는 무한소수가 무리수라고 했습니다.

유리수가 조밀하다는 것은 생각이 나지요? 유리수는 무한히 많고, 임의의 두 유리수 사이에 항상 유리수를 찾을 수 있습니다. 그런데 유리수에 관한 중요한 사실 하나를 말하지 않았습니다. 바로 유리수와 유리수 사이에 유리수로 채울 수 없는 빈틈이 있다는 것입니다.

정수비로 나타낼 수 없는 수, 무리수가 있다는 것을 처음으로 정확히 밝힌 사람들은 아이러니하게도 바로 유리수만을 맹신하던 피타고라스학파였습니다. 정수와 유리수에 대하여 신성시하던 피타고라스학파가 무리수의 존재에 대해 세상에 알리지 않으려고 무서운 일을 저질렀다는 것은 수학사에 남아 있는 가장 잔인한 에피소드 중에 하나입니다. 히파수스라는 사람이 무리수에 대해 알리려 하자 피타고라스의 다른 제자들이 그를 바다로 데리고 가 물속에 던져 버렸지요.

무리수를 찾는 방법은 생각보다 단순합니다. 그림처럼 한 변의 길이가 1인 정사각형 대각선의 길이를 구하면 무리수가 등장합니다. 이 과정에는 중학교에서 배우는 '피타고라스의 정리' 가 사용됩니다.

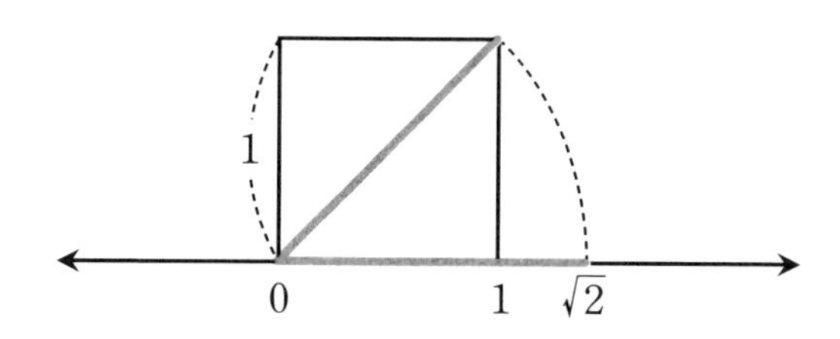

그림에서 보면 정사각형 대각선의 길이는 직각삼각형 한 빗변의 길이가 되므로 피타고라스의 정리에 의해 $1^2+1^2=$(대각선의 길이)^{2}입니다. 이것을 계산하면 $2=$(대각선의 길이)^{2}이므로 제곱근[18] 기호를 이용하여 나타내면 (대각선의 길이)$=\sqrt{2}$ 입니다.

18 제곱근 어떤 수 x를 두 번 곱하여 a가 되었을 때에, x를 a에 대하여 이르는 말. 예를 들어 $(-3)^2=9$일 때, -3은 9의 제곱근이다.

$\sqrt{2}$는 어떤 정수의 비로도 표현이 되지 않는 수입니다. 그리고 소수로 나타낼 때 1.4142135623⋯으로 소수점 아래에 순환하는 부분이 전혀 나타나지 않는 비순환소수입니다. 무리수가 있다는 것을 알게 된 이후로 사람들은 그 수를 잘 이용했습니다. 그리고 무리수와 유리수를 합하여 '실수' 라고 부르기 시작했습니다.

그러나 정작 무리수에 대해서 정확히 정의를 내리는 것에는 관심이 없었습니다. 무리수를 '유리수의 여집합, 실수에서 유리수를 빼낸 부분' 정도로만 인식했습니다. 내 친구 데데킨트는 바로 이런 부분을 지나치지 않고 정확히 그 의미를 설명하려고 노력했습니다.

▨데데킨트의 '유리수 절단'

데데킨트는 유리수 전체를 아주 예리한 칼로 자르는 방법으로 무리수를 정의했습니다.

예를 들어 a와 b가 유리수일 때, $a^2<2<b^2$을 만족하는 a의 집합 A와 b의 집합 B로 절단하면 칼날이 닿는 부분은 집합 A와 B 어느 쪽에도 속하지 않습니다. 바로 칼날이 닿는 이 부분이 무리수입니다.

유리수 전체 집합 $\mathbb{Q}$를 어떤 두 개의 부분집합 C와 D에 의해 나눌 때, $C \cup D = \mathbb{Q}$, $C \cap D = \phi$이고, C의 모든 원소는 D의 모든 원소보다 작다고 합시다.

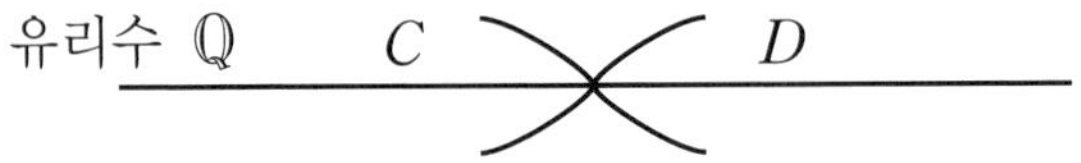

유리수 $\mathbb{Q}$ C D

이때, 유리수 집합을 머릿속으로만 상상할 수 있는 예리한 칼로 베어 낸다면, 칼날이 닿는 경우를 4가지로 생각할 수 있습니다.

① C에 최대의 수가 있고, D에 최소의 수가 없는 경우

② C에 최대의 수가 없고, D에 최소의 수가 있는 경우

⇒ 이 두 가지 경우는 칼날이 유리수에 닿은 것입니다.

③ C에 최대의 수가 있고, D에 최소의 수가 있는 경우

⇒ 이것은 C와 D에 공통으로 속하는 수가 있다는 말이 되므로 가정에 어긋납니다.

④ C에 최대의 수가 없고, D에도 최소의 수가 없는 경우

⇒ 칼날이 닿는 부분이 C, D 어디에도 들어 있지 않으므로 분명히 유리수가 아닙니다. 즉 무리수에 칼날이 닿았다는 것입니다.

예를 들어, $a^2 < 2 < b^2$을 만족하는 a의 집합 A의 원소에는 1.4, 1.41, 1.414, 1.4142, …가 있고, b의 집합 B의 원소에는 1.5, 1.42, 1.415, 1.4143, …이 있으며 양쪽 모두 $\sqrt{2}$에 한 없이 접근합니다.

데데킨트가 무리수를 엄밀하게 정의한 덕분에 우리는 무리수와 유리수의 합집합인 실수의 성질을 정확하게 파악하며 이용할 수 있게 되었습니다.

실수

유리수	무리수

실수의 기수 연속체

지난 시간에 오늘은 셀 수 없는 집합에 대해서 배운다고 이야기했습니다. 바로 실수가 대표적인 셀 수 없는 무한집합입니다.

실수 집합은 유리수 집합처럼 원소 전체를 1, 2, 3, 4, 5, …와 같이 세어 나갈 수 없습니다. 우선 실수 집합이 가산집합이 아님을 보이기 위해 실수 전체보다 생각하기 쉬운 대등한 집합을 먼저 찾아보겠습니다.

실수 집합을 그림으로 나타낼 때 우리는 직선 전체로 표현합니다.

X　　　　　　　　　　　　　　　　　　　　　　Y

그런데 수학의 세계에서는 놀랍게도 이 직선 XY와 다른 짧은 선분들이 모두 같은 점의 개수를 갖는다고 말할 수 있습니다. 그리고 선분들끼리도 모두 같은 수의 점을 갖고 있습니다.

A ———————— B

A′ ——————————————— B′

이렇게 생각할 수 있는 이유를 설명하겠습니다.

다음 그림에서 선분 AB 위의 점들과 반원 CD 위의 점들이 일대일 대응입니다. 즉 선분과 반원은 같은 수의 점들을 가집니다.

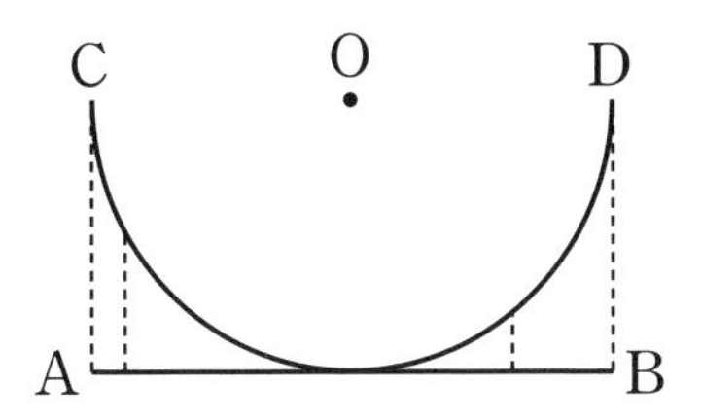

그런데 다음 그림에서 반원 CD 위의 점들은 완전히 직선 위의 점들과 일대일 대응합니다.

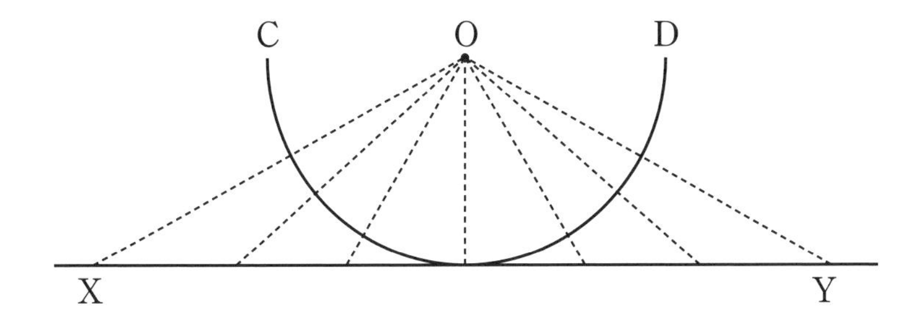

그러므로 유한한 선분과 무한한 직선이 정확히 같은 수의 점들을 가집니다. 의외로 설명이 간단하지요? 그러나 나 이전의 사람들 중에 이런 증명을 한 사람은 없었습니다. 물론 이 설명을 이해하려면 실생활에서 보는 점들을 관찰할 때와 같이 생각해서는 안 됩니다. 물리적인 점과 수학적인 점은 전혀 다른 것이기 때문입니다.

직선과 유한한 선분이 대등한 집합임을 알았기 때문에 이제 유한한 선분 중에서 단위선분, 즉 수직선 위의 0부터 1까지의 직선이 셀 수 없는 집합임을 보이겠습니다. 만약 0부터 1까지의 직선 단위선분이 셀 수 없는 집합이라면 실수를 나타내는 직선도 역시 셀 수 없는 집합이 됩니다.

⑲ 명제 참, 거짓을 판별할 수 있는 문장

가정 명제 'p이면 q이다'에서 전제가 되는 p 부분. 가설이라고도 함.

이것을 보이는 방법으로 어떤 명제[19]를 가정[19]하고 결과에 모순이 생기면 가정이 잘못이라고 말하는 귀류법을 사용할 것입니다.

먼저 0과 1 사이의 모든 수들이 셀 수 있는 집합을 이룬다고 가정합시다. 만약 우리가 모든 수를 하나씩 하나씩 빠짐없이 나열할 수 있다면 0부터 1 사이의 모든 수는 가산집합이라고 말할 수 있습니다.

그러나 모든 수에 대해서 설명했다고 생각하면서 수를 나열한 결과 전혀 다른 0과 1 사이의 수가 다시 튀어나온다면 그것은 모든 수에 대해서 정리했다는 가정에 어긋나게 됩니다. 수학 용어로 이런 상황을 모순이라고 합니다.

모순이 등장했다는 것은 결국 0과 1 사이의 모든 수의 집합이 가산집합이라는 가정 자체가 잘못된 것이라고 말할 수 있습니다.

0과 1 사이 수의 집합이 가산집합이라고 합시다. 수직선 위의 0부터 1까지 선분은 0부터 1 사이의 모든 십진법에 의한 수와 대응합니다.

0부터 1 사이의 모든 무한소수는 당연히 한 가지 방법으로 나타낼 수 있고, 유한소수인 경우는 0.4=0.39999999…와 같이 나타냅니다. 0과 1 사이의 모든 수를 이렇게 나열할 수 있습니다.

0.21456847514445615…

0.12411762488112565…

0.77639823615761214…

0.38452546845655548…

0.02154518456548487…

여기 전체 수 중 하나의 대각선 수를 생각합니다. 즉 나열된 수의 목록에서 첫 수의 소수 첫 번째 자리, 둘째 수의 소수 두 번째 자리를 선택하고 이런 방법을 무한히 사용하면 0.22654…라는 새로운 대각선 수가 나옵니다. 여기에 만약 각 자리마다 1을 더한다면 0.33765…라는 새 수가 등장합니다. 이 수는 전체 목록에 있는 모든 수와 다릅니다. 목록에 있는 모든 각각의 수에서 취한 특별한 숫자에 1을 더해서 만들었기 때문에 당연히 차이가 납니다. 따라서 모든 수를 나열했다는 것 자체가 틀린 말이 됩니다.

같은 방법을 숫자가 아닌 기호로 나타내 보겠습니다. 첫 번째 수는 $\gamma_1=0.a_{11}a_{12}a_{13}a_{14}a_{15}\cdots$, 두 번째 수는 $\gamma_2=0.a_{21}a_{22}a_{23}a_{24}a_{25}\cdots$

등 무한소수의 형태로 0과 1 사이의 모든 수를 다음과 같이 나열할 수 있습니다.

$$\gamma_1 = 0.a_{11}a_{12}a_{13}a_{14}a_{15} \cdots$$
$$\gamma_2 = 0.a_{21}a_{22}a_{23}a_{24}a_{25} \cdots$$
$$\gamma_3 = 0.a_{31}a_{32}a_{33}a_{34}a_{35} \cdots$$
$$\gamma_4 = 0.a_{41}a_{42}a_{43}a_{44}a_{45} \cdots$$
$$\gamma_5 = 0.a_{51}a_{52}a_{53}a_{54}a_{55} \cdots$$
....

우리의 가정에 따르면, 이렇게 나열해 놓은 소수들은 0과 1 사이의 모든 실수를 포함합니다. 그런데 이 수의 나열에서 새로운 무한소수가 발견됩니다.

$$\gamma_1 = 0.a_{11}a_{12}a_{13}a_{14}a_{15} \cdots$$
$$\gamma_2 = 0.a_{21}a_{22}a_{23}a_{24}a_{25} \cdots$$
$$\gamma_3 = 0.a_{31}a_{32}a_{33}a_{34}a_{35} \cdots$$
$$\gamma_4 = 0.a_{41}a_{42}a_{43}a_{44}a_{45} \cdots$$
$$\gamma_5 = 0.a_{51}a_{52}a_{53}a_{54}a_{55} \cdots$$
....

새로운 무한소수의 소수 첫째 자리에는 γ_1의 소수 첫째 자리 a_{11}을 제외한 다른 수를 가져오고, 둘째 자리에는 γ_2의 소수 둘째 자리 a_{22}을 제외한 다른 수를 가져오고, 셋째 자리에는 a_{33}을 제외한 다른 수를 가져오는 방식으로 계속해서 무한소수의 소수점 이하 자리를 채워 나가면 새로 만든 무한소수는 처음 나열한 수에 들어 있지 않습니다. 이 새로운 무한소수에 설사 새롭게 번호를 붙인다 해도 또 같은 방법으로 다른 소수를 생각할 수 있습니다. 결국 우리가 처음에 0에서 1 사이의 모든 수를 나열했다고 가정한 것 자체가 잘못된 것입니다.

새로운 소수를 찾는 과정에서 제외시키는 수 a_{11}, a_{22}, a_{33}, $\cdots$의 자리가 대각선 방향으로 있기 때문에 이 논증을 대각선 논증이라고 말합니다.

대각선 논증을 통해 0과 1 사이의 모든 수가 셀 수 없는 수라는 것을 알았습니다. 따라서 0과 1 사이의 모든 수의 집합과 대등한 실수 전체의 집합도 셀 수 없는 집합입니다.

실수의 집합이 자연수 집합과 완전히 다른 종류의 무한집합임을 이제 알 수 있겠죠? 무한집합을 생각하는 것조차 신기한데 무한집합의 다른 종류가 있음을 알았으니 여러분들도 대단한 사람들입니다. 다른 동물들과 달리 자유롭게 생각할 수 있는 동물, 바로 인간이지요.

이제 마지막으로 실수의 집합에 관련된 용어를 하나 배우겠습니다. 우리가 자연수와 대등한 셀 수 있는 집합들의 기수를 $\aleph_0$알레프-제로라고 부른다고 했습니다. 실수 전체 집합의 기수도 이처럼 역시 특별한 이름을 갖고 있습니다. 실수 집합을 연속체[20]라고 부르며 특별히 실수 집합의 기수를 연속체 기수라 하고 C로 나타냅니다. 따라서 실수와 대등한 집합들의 기수는 C라고 말합니다.

20 연속체 실수 전체의 집합과 같은 기수집합 원소의 수를 가지는 집합.

기수가 $\aleph_0$인 집합들과 기수가 C인 집합들은 밀도에 있어 차이가 납니다. 당연히 기수가 C인 집합들의 밀도가 높습니다. 무한집합 사이에 어떤 차이를 알고 구분할 수 있다는 놀라운 결과입니다.

여섯 번째 수업 정리

1 유리수와 유리수 사이에는 정수비로 나타낼 수 없는 무리수가 존재하며 무리수는 비순환소수입니다.

2 실수의 집합을 그림으로 나타낸 직선은 그 길이가 다른 선분과 일대일 대응하므로, 실수의 집합은 0과 1 사이의 실수와 같은 기수를 갖습니다.

3 0과 1 사이의 실수 집합은 가산집합이 아니므로 자연수 집합과 같은 기수를 갖지 않고, 따라서 실수 전체의 집합도 가산집합이 아닙니다.

4 실수 집합을 연속체라고 부르며 자연수와 기수가 같지 않은 실수 집합의 기수를 특별히 연속체 기수 C라고 합니다. 실수와 대등한 집합은 그 기수를 C라고 합니다.

직선과 평면의 기수

일차원 직선과
이차원 평면의 기수가 같다고 합니다.
정말 그럴까요?

일곱 번째 학습 목표

1. 두 선분과 선분을 일대일 대응시킬 수 있음을 이해하고 데카르트 좌표계를 알아봅니다.
2. 직선과 평면 위 점의 개수가 같음을 닫힌구간 [0, 1]과 한 변의 길이가 1인 정사각형 위 점의 개수가 같다는 증명을 통해 이해합니다.

미리 알면 좋아요

1. **함수** 어떤 집합 모든 원소에 대해 또 다른 집합의 단 하나의 원소가 짝 지어져 있는 관계.

   예를 들어, 우리가 자주 이용하는 휴대 전화는 다양한 요금제를 가지고 있습니다. 만약 어떤 사람이 한 달에 100분을 이용했다면 자신의 휴대 전화 요금제 계산 방법에 의해 하나의 요금이 정해집니다. 휴대 전화 이용 시간의 집합에 있는 모든 원소에 대해 각각 요금의 집합 단 하나의 원소가 짝 지어지므로 함수 관계라 할 수 있습니다. 함수는 수학의 중요한 개념으로, 과학 분야와 공학 분야를 넘어 경제 분야에까지 널리 이용됩니다.

2. **구간** 어떤 지점과 다른 지점과의 사이를 의미하는 단어로, 수학에서는 경계가 되는 두 숫자 사이의 모든 수들을 의미.

   예를 들어, 1보다 크고 3보다 작은 실수는 (1, 3)으로, 1보다 크거나 같고 3보다 작거나 같은 실수는 [1, 3]으로 나타냅니다. (1, 3)처럼 양 쪽 경계가 포함되지 않는 구간을 개구간열린구간이라고 하고, [1, 3]처럼 양쪽 경계가 포함된 구간을 폐구간닫힌구간이라고 합니다.

데데킨트의 집에 혼자 놀러갔다 온 철수는 칸토어를 보자마자 옛날 편지지 한 장을 내밀었습니다.

편지에 쓰인 글 중에는 프랑스어로 적힌 문장 하나가 있었습니다.

철수는 이 문장의 뜻이 무엇이냐고 물어보았습니다.

Je le vois, mais je ne le crois pas

하하, 내가 데데킨트에게 보냈던 편지 내용이군요. 그 편지를 아마 1877년 6월 무렵에 보냈던 것 같습니다. 내가 발견한 무한의 성질에 대해서 수학적으로 증명을 하다 보니 나도 그 결과가 너무나 이상해서 받아들이기 어려웠거든요. 이전에 본 적 없는 성질들이 나타나고 있었으니 발견한 나조차도 놀랄 수밖에요. 그래서 평소에 잘 쓰지 않던 프랑스어로 내 마음을 전했습니다.

"나는 그것을 안다. 그러나 그것을 믿지 않는다."

오늘 배울 내용도 역시 무한의 세계에서 볼 수 있는 놀라운 이야기입니다. 우리가 전혀 다르다고 생각하는 직선과 평면에 대해서 비교해 보는 시간이 될 것입니다. 우선 지난 시간에 배웠던 선분과 선분의 일대일 대응에 대해 다시 한 번 생각해 보겠습니다.

▨선분과 선분의 일대일 대응

가산집합에 대해 이야기할 때 갈릴레오 갈릴레이가 제곱수의 집합과 자연수 집합을 일대일 대응 관계로 놓으며 무한의 성질을 만나게 된 적이 있다고 했습니다. 그로부터 200년 후에 이 수준에서 더 나아가 무한의 성질이 연속체에서도 나타나는지 연구한 뛰어난 수학자가 또 한 명 나타났습니다. 그의 이름은 베른하르트 볼차노Bernhard Bolzano, 1781~1848입니다.

베른하르트 볼차노, 1781~1848

볼차노는 체코의 성직자였습니다. 그는 갈릴레오가 적들에 의해 힘들었던 것처럼 높은 직분의 관료와 적대관계에 있었고 역시 앞서나가는 이론들을 내놓았다는 이유로 프라하 대학의 교수직에서 밀려나게 됩니다. 다행히 성직과 교수직을 박탈당할 때 연금을 받아 연구를 계속할 수 있었습니다.

그가 연구한 내용은 죽은 후 친구인 프리혼스키 신부에 의해 《무한의 패러독스》라는 제목으로 출간되었습니다. 성직자답게 볼차노는 '영원' 이란, 두 방향으로 무한히 뻗어 가는 시간이라고 믿으며 신과 시간에 대해 명상을 하였고, 명상을 통해 깨달은 무한에 대한 생각을 수학적 무한으로 이해하게 되었습니다.

볼차노가 연구한 것은 지난 시간에 직선과 선분 사이의 일대일 대응에서 본 것처럼 길이가 다른 두 선분이 같은 수의 점을 갖는다는 내용입니다.

볼차노는 우리가 중학교에서 배우는 함수 $y=2x$에 대해서 생각해 보았습니다.

시간이 지남에 따라 자동차가 이동한 거리를 알 수 있는 것처럼 함수[21]는 변수[21] x와 y사이에 x의 값이 정해지면 y의 값이 정해지는 관계를 말합니다. 다음의 왼쪽 그림처럼 물건을 넣으면 2배가 되는 기계와 같이 함수는 변수 x에 따라 y값이 하나씩 정해지고, 오른쪽 그림처럼 변수 x가 속하는 집합과 변수 y가 속하는 두 집합의 관계입니다.

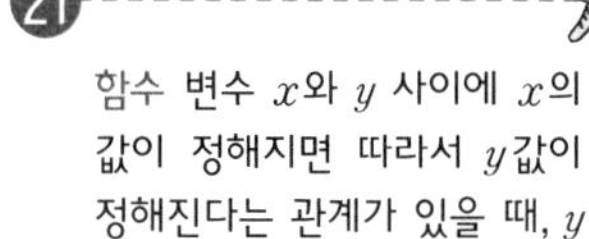

함수 변수 x와 y 사이에 x의 값이 정해지면 따라서 y값이 정해진다는 관계가 있을 때, y는 x의 함수라고 함.

변수 어떤 관계나 범위 안에서 여러 가지 값으로 변할 수 있는 수.

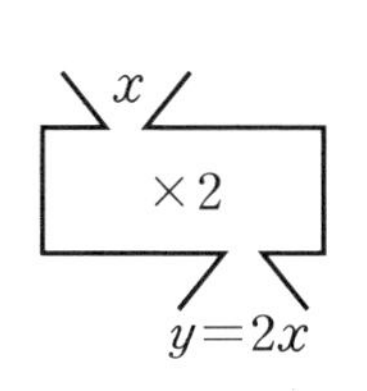

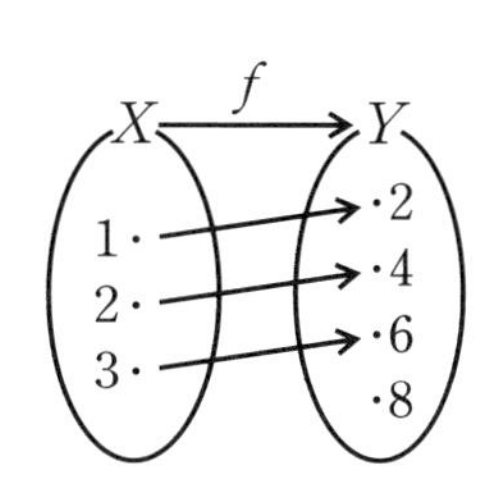

22

정의역 집합 X에서 집합 Y로의 함수 f에 대하여 X를 f의 정의역이라고 함.

공역 집합 X에서 집합 Y로의 함수 f에 대하여 Y를 f의 공역이라고 함.

함숫값 함수 $f: X \rightarrow Y$에서 정의역 X의 원소 x에 대응되는 공역 Y의 원소를 $f(x)$와 같이 나타내고 이것을 함수 f에 의한 x의 함숫값이라고 함.

치역 함수가 취하는 값함숫값 전체의 집합.

변수 x가 속하는 집합을 정의역[22], 변수 y가 속하는 전체 집합을 공역[22]이라 하며 특히 공역의 원소 중 변수 x에 의해 대응되는 y값, 즉 함숫값[22]의 집합을 치역[22]이라고 합니다.

볼차노는 함수 $y=2x$에 대해서 정의역을 0과 1 사이에 있는 모든 수로 생각했습니다. 그러면 치역은 0과 2 사이에 있는 모든 수가 됩니다. 0과 1 사이에 있는 각각 수의 함숫값을 생각하면 0과 2 사이에 있는 수가 각각 하나씩 대응됩니다.

예를 들어, 0.3은 0과 1 사이에 있는 수인데, 이 수는 함수 $y=2x$에 의해 0과 2 사이에 있는 하나의 값 $y=2x=2\times 0.3=0.6$에 대응됩니다.

0과 1 사이에 있는 수 0.5는 주어진 함수에 의해 1로 정해집니다. 마찬가지 방식으로 0과 1 사이에 있는 모든 수를 생각하면 함수 $y=2x$에 의해 0과 2 사이에 있는 수에 각각 하나씩 대응됩니다. 그래서 볼차노는 0과 1 사이에, 그 선분보다 길이가 2배인 0과 2 사이에 있는 수만큼 많은 수가 있다고 결론을 내렸습니다.

그림처럼 볼차노가 생각한 함수의 대응관계를 데카르트의 좌표평면에 그래프로 나타내면 더욱 분명히 이해할 수 있습니다.

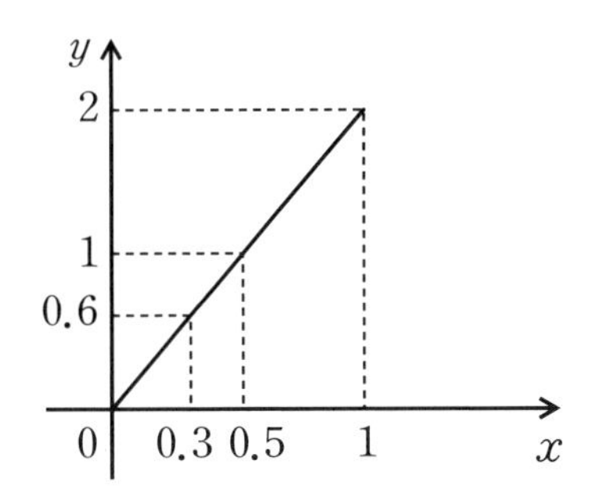

이렇듯 중학교에서 배우는 일차함수 속에도 무한의 개념이 들어 있습니다. 0과 1을 포함한 0과 1 사이에 있는 모든 수, 좀 더 어려운 말로 하면 닫힌구간폐구간 [0, 1]에는 닫힌구간 [0, 2] 사이에 있는 수만큼 많은 수가 있는 것입니다.

함수가 $y=3x$로 주어진다면 닫힌구간 [0, 1] 사이에 있는 모든 수는 닫힌구간 [0, 3]에 있는 모든 수만큼 많은 수가 있다고 할 수 있습니다. 정의역을 달리하여 닫힌구간 [1, 4] 즉 1부터 4 사이에 있는 모든 수의 집합을 함수 $y=2x$에서 생각하면 닫힌구간 [1, 4] 사이에 닫힌구간 [2, 8] 사이에 있는 수만큼 많은 수가 있다고 할 수 있습니다.

▨ 데카르트 좌표

종민이와 윤희는 칸토어와의 특별한 수업 시간을 기념하기 위해 사진촬영을 하고 있습니다. 각자 디지털 카메라를 가져 온 종민이와 윤희는 두 카메라의 화소를 비교한 후 화소가 높은 윤희의 카메라를 사용하기로 했습니다.

컴퓨터의 모니터 화면이나 텔레비전의 화면, 디지털 카메라의 화소는 높으면 높을수록 좋은 것으로 생각합니다. 화소는 화면을 구성하고 있는 최소 단위의 명암의 점을 말합니다. 화면 전체의 화소 수가 많으면 많을수록 정밀하고 상세한 화면을 얻을 수 있습니다. 그래서 화소가 많은 경우에 보통 '해상도가 높다' 라고 표현합니다.

그런데 혹시 컴퓨터나 텔레비전 화면의 화소에도 수학의 원리가 들어있다는 말을 들어본 적이 있나요?

컴퓨터나 텔레비전 화면의 화소는 모두 데카르트 좌표계에 따라 수의 값으로 되어 있답니다. 전선을 따라 끊임없이 흐르던 전자가 화면에 투영될 때 모든 전자는 정해진 x, y 좌표에 정확히 투영됩니다. 바둑알을 가로, 세로 줄로 나누어진 바둑판에 정확히 올리는 것처럼 데카르트 좌표계를 따르게 되지요. 이런 원리는 지도를 만들 때나 기계를 설계하는 프로그램 등 곳곳에서 이용되고 있습니다. 수학에서 데카르트 좌표는 함수를 그림으로 나타낼 때 우리가 주로 사용하는 좌표계입니다. 볼차노의 생각을 설명할 때 보여 준 함수 $y=2x$에 관한 그래프가 바로 함수를 데카르트 좌표에 나타낸 그림입니다.

르네 데카르트René Descartes, 1596~1650는 프랑스의 위대한 수학자이자 철학자였습니다. 데카르트는 어려서부터 호기심이 아주 많은 똑똑한 아이였지만 건강이 좋지 않았습니다. 그래서 대학을 다닐 때도 대학교 학장의 배려로 늦잠을 자며 편하게 지냈다고 합니다. 데카르트는 늦잠을 자는 습관 때문에 평생 동안 아침 늦게까지 침대에 누워 수학과 철학 문제에 대해 생각하는 버릇을 갖게 됩니다. 대학을 졸업한 후 자신의 길을 찾다 바이에른 군대에 들어가 군인으로 지내게 된 데카르트는 유럽의 잦은 전쟁 속에서 군사 작전을 짜주며 '데카르트 좌표'를 만들어 냅니다.

르네 데카르트, 1596~1650

데카르트 좌표[23]는 평면에 있는 점들을 x 좌표와 y 좌표로 나타내어 수량화시키는 아이디어입니다. 고대 그리스인들도 직선이나 면 위의 점과 수 사이에 관련이 있다는 것을 알고는 있었지만 제대로 그 관계를 탐구하지 못했습니다.

23 데카르트 좌표계 x축, y축이라는 두 직선으로 평면을 4개의 사분면으로 나누었다. 두 축이 만나는 원점의 좌표는 (0, 0)이고, 점이 오른쪽으로 움직이면 x의 값이 증가하고 왼쪽으로 움직이면 감소한다. 위로 움직이면 y의 값이 증가하고 아래로 움직이면 감소한다.

데카르트는 직선이나 면 위의 점과 수 사이의 관련성을 이용하여 X-Y 평면을 만들었고 이것은 수학에 엄청난 발전을 가져옵니다. 나도 직선과 면 사이의 무한에 대한 연구를 하는 데 있어 바로 이 데카르트의 아이디어를 이용했습니다.

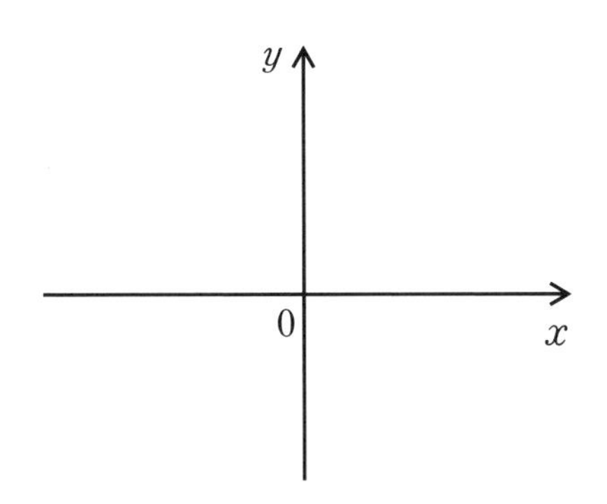

▨직선과 평면

2차원, 3차원, 4차원이란 말을 들어 본 적이 있나요? 차원은 도형이나 물체 또는 공간의 한 점의 위치를 말하는 데에 필요한 실수의 최소 개수입니다.

직선 위의 점은 수 하나로 표현이 가능하므로 1차원, 평면은 x 좌표, y좌표 두 값이 필요하기 때문에 2차원, 입체는 가로, 세로, 높이를 모두 알아야 하므로 3차원입니다.

우리가 살고 있는 공간은 3차원 세계이므로 1차원, 2차원, 3차원까지는 감각적으로 이해하기 쉽지만 4차원 이상의 세계는 직관적으로 느끼기 어렵습니다. 그러나 수학에서는 n차원이나 무한 차원의 공간도 생각을 통해 다루게 됩니다.

직선과 공간은 차원으로 구분할 때 완전히 다른 세계입니다. 그런데 나는 이 다른 세계를 비교하고자 시도했습니다. '차원이 다른 무한집합 사이에는 어떤 순서가 있을까' 즉 '직선과 평면 중에 어디에 점이 더 많을까? 차원에 따라 갖고 있는 점들의 수가 어떻게 달라질까?' 라는 생각을 한 것이지요.

직선과 대등한 집합으로 역시 0과 1 사이의 수를 관찰했습니다. 그리고 이 닫힌구간과 함께 한 변의 길이가 1인 정사각형을 놓았습니다.

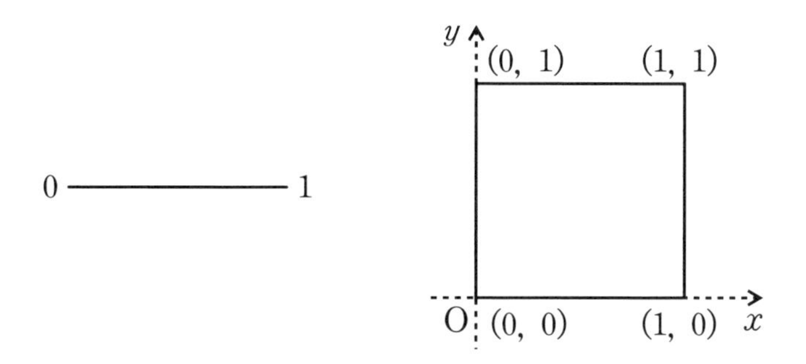

한 변이 1인 정사각형의 내부에 있는 모든 점은 (x, y) 좌표, 즉 데카르트 쌍의 두 수로 나타낼 수 있습니다. 즉 임의의 한 점의 좌표는 $(0.a_1a_2a_3a_4a_5\cdots, 0.b_1b_2b_3b_4b_5\cdots)$로 표시됩니다. 이제 이 점과 닫힌구간 [0, 1] 위의 한 점이 각각 대응되는 것만 보이면 원하는 것을 얻을 수 있습니다. 그 방법은 생각보다 간단합니다.

정사각형 안에 있는 점 $(0.a_1a_2a_3a_4a_5\cdots, 0.b_1b_2b_3b_4b_5\cdots)$ 두 좌표의 소수 부분을 교대로 나열하여 하나의 수를 생각하면 해결되는 것이지요. 즉 $0.a_1b_1a_2b_2a_3b_3a_4b_4a_5b_5\cdots$로 나타내면 이것은 0과 1 사이에 있는 하나뿐인 수가 됩니다.

정사각형 위에 있는 한 점의 x좌표에서 한 숫자를, y좌표에서 다른 한 숫자를 번갈아가며 선택하여 소수 부분을 나타낸 점은 [0, 1] 위에 있습니다. 따라서 이 방법을 이용하면 정사각형상의 한 쌍의 수로 주어진 점들을 각각 선분 위에 있는 한 점과 대응시킬 수 있습니다.

닫힌구간 [0, 1] 위에 있는 모든 점들과 한 변의 길이가 1인 정사각형의 모든 점들을 일대일 대응시킬 수 있다는 것은 두 집합의 점의 개수가 같다는 것입니다. 이것을 통해 직선에는 평면만큼 많은 점이 있다는 결론을 내릴 수 있었습니다.

이 밖에도 나는 직선 위에 있는 점의 수가 3차원과 4차원, 더 나아가 더 높은 차원의 공간에 있는 점의 수와 같다는 것을 증명했습니다. 무한의 세계에서는 차원에 영향을 받지 않고 2차원의 평면처럼 3차원의 공간이나 어떤 차원의 공간이든 연속체만큼 점을 갖고 있다는 것을 알게 되었습니다.

수학에서도 직선, 평면, 입체와 같이 분명 다른 차원의 세계는 구분지어 생각해 왔습니다. 그런데 다른 차원에 속하는 집합들끼리 대등하다는 결론이 나왔으니 이것은 발견한 나로서도 너무나 충격적인 것이었고, 나의 이론이 발표되자 친구 데데킨트가 염려한 대로 수많은 반대와 비난을 받았습니다.

그러나 수학은 생각의 자유에 가장 큰 뿌리를 두고 있는 학문입니다. 결국 나의 이 연구 결과들은 수학 세계에서 인정받게 되었고 많은 후배들이 계속해서 더 발전시켜 나갔습니다.

일곱 번째 수업 정리

❶ 서로 길이가 다른 선분을 비교할 때 함수식을 이용하면 일대일 대응되는 관계이므로 두 선분 위의 점의 개수가 같습니다.

❷ 데카르트 좌표 평면을 x축, y축이라는 2개의 직선으로 나누어 4개의 사분면을 갖고 있고, 두 축이 만나는 원점의 좌표는 (0, 0)입니다. 점이 오른쪽으로 이동하면 x좌표 값이 증가하고, 위로 이동하면 y좌표 값이 증가합니다.

❸ 직선과 대등한 집합인 닫힌구간 [0, 1]의 모든 점들을 한 변의 길이가 1인 정사각형의 모든 점들과 일대일 대응시킬 수 있습니다.

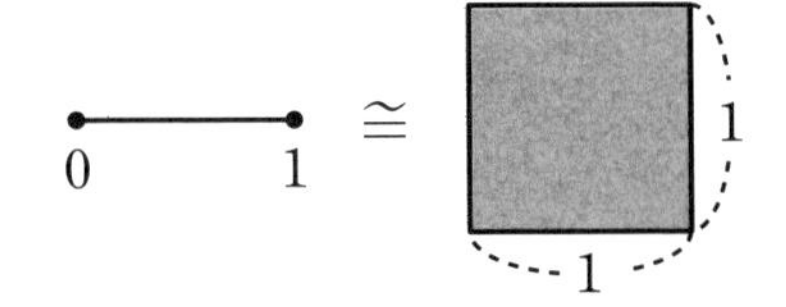

칸토어와 함께 하는 쉬는 시간 3

모순이 뭐야?

중국 초나라 때 어떤 상인이 여러 가지 무기를 팔고 있었습니다. 그 상인은 창과 방패를 팔면서 이렇게 이야기하였습니다.

"이 창은 너무도 강하여 어떤 방패로도 막지 못합니다. 모든 것을 다 뚫을 수 있어요."

곧이어 방패를 들고 이렇게 말했습니다.

"이 방패는 너무 강하여 어떤 창으로도 뚫지 못합니다."

"여보게, 그러면 그 창으로 이 방패를 쳐 보게. 어떻게 되는 것인가?"

당연히 창과 방패를 팔던 상인은 당황했을 것입니다. 이 이야기는 바로 '모순'이라는 말의 어원을 담은 것입니다. 세상에서 가장 강력하다는 창과 가장 튼튼하다는 방패가 각각 있다고 말하는 것처럼 앞뒤가 맞지 않은 말을 하는 데서 유래되어 창을 가리키는 矛모, 방패를 가리키는 盾순을 따 '모순'이라는 단어가 나왔습니다. 즉 모순은 어떤 사실의 앞뒤, 또는 두 사실이 이치상 어긋나서 서로 맞지 않음을 이르는 말입니다. 좀 더 어렵게 말하면 모순은 두 가지의 판단이나 사태 따위가 같이 있지 못하고 서로 배척하는 상태를 말합니다. 두 판단의 중간에 존재하는 것이 없이 대립하여 양립하지 못하는 관계이지요.

'개는 동물이지만 동물이 아니다'라는 문장을 보면 이상하다는 생각이 바로 들지요? 개는 동물이거나, 동물이 아니거나 둘 중에 하나만 참인 문장이 됩니다.

다음의 이야기를 한 번 볼까요?

학교에서 돌아온 명수는 집에 들어오자마자 형한테 붙들려 계속 혼나고 있었습니다.

"명수, 네가 내 야구공 가져갔지? 어제 분명히 내 책상 속에 넣어 놓았는데 안 보인단 말이야. 이승엽 선수한테 사인 받은 것이라고 너도 갖고 싶어 했잖아! 얼른 내놔~."

"형, 난 가져간 적 없어. 정말 아니라고!"

그러나 형은 명수의 말을 절대 믿지 않았습니다.

"내가 아침에 학교 갈 때까지도 있었는데 학교에서 돌아오니까 없단 말이지. 네가 나보다 학교에 늦게 갔으니까 분명히 네가 가져간 거야!"

"아니야! 난 밥 먹고 나서 엄마랑 거실에서 이야기하다가 바로 학교에 갔어. 형 방에 들어간 적이 없다고. 엄마한테 물어 봐!"

잠시 후 집에 오신 어머니께서 말씀하셨습니다.

"배고프지? 아 참! 동수야 네가 아끼는 야구공 아빠가 잠깐 빌려가셨어. 동료 직원이 이승엽 사인 받은 것 보여 달라고 했대."

"형~, 거 봐 내가 안 가져갔잖아~. 완전 짜증이야."

명수가 많이 억울했을 것 같네요. 명수의 형 동수는 왜 명수를 의심했을까요? 바로 이런 가정을 하고 있었기 때문입니다.

"명수가 늘 내 공을 부러워했어. 게다가 내가 학교 가고 난 후 명수가 학교에 갔으니까 시간이 충분했단 말이지."

명수는 아니라고 하면서 이런 증거를 댔습니다.

"학교 가기 전 나는 엄마와 거실에만 있었어."

이것은 공이 없어진 시간 동안 명수가 동수 방에 있지 않았다는 명백한 증거입니다.

이렇게 사건이 벌어졌을 때 어떤 사람이 그 행위를 하지 않았다는 가장 강력한 증거로 알리바이가 사용됩니다. 알리바이는 범인으로 지목 받은 사람이 현장에 없었다는 증명입니다.

가족 간에 생긴 잠깐의 오해였지만 이 안에는 어려운 말로 '귀류법' 이 숨어 있습니다. 즉 동수의 가정은 자신이 학교에 가고 난 후부터 명수가 학교에 가기 전까지의 시간 동안 명수가 공을 가져갔다는 것이고, 명수는 이에 대해 자신이 거실에 있었다는 것으로 동수의 가정이 틀렸다고 말했습니다. 즉 명수와 동수의 말이 함께 참이려면 명수가 손오공처럼 두 명의 분신을 갖고 있어야 한다는 것이 되지요.

귀류법은 수학에서 사용하는 증명 방법 중에 하나로 직접적인 증명이 불가능할 때 사용되는 중요한 증명 방법입니다. 바로 모순을 보여줌으로써 가정이 잘못된 것임을 밝히는 것이지요.

우리가 첫 번째 시간부터 특별한 의심 없이 말하던 내용이 하나 있습니다. 바로 자연수가 무수히 많다는 것이지요. 이 명제를 귀류법으로 증명해 보겠습니다.

자연수가 유한개밖에 없다고 가정하자.
자연수의 개수가 유한개이면 최대의 수 n이 있어야 한다. 그런데 n이 자연수이면 $n+1$도 자연수가 되므로 페아노의 공리를 참고하세요.
n은 최대의 수가 될 수 없다. 즉 모순이 생긴다.
따라서 자연수는 무수히 많다.

또 다른 예를 볼까요? 무리수가 있다는 것을 일곱 번째 시간에 그림을 이용하여 설명했습니다. 고등학교에서 $\sqrt{2}$가 무리수라는 것을 귀류법을 이용하여 증명한답니다.

$\sqrt{2}$가 유리수라고 가정하자. 그러면 $\sqrt{2}=\frac{b}{a}$(단, a, b는 서로소인 정수 $a\neq 0$)라고 쓸 수 있다. 여기서 서로소는 서로 더 이상 약분되지 않는 상태를 말하지요.
$\sqrt{2}=\frac{b}{a}$는 등식의 성질에 의해 양변에 0이 아닌 정수 a를 곱할 수 있다.
$\sqrt{2}a=b$
역시 등식의 성질에 의해 양변을 제곱해 보자.

$2a^2=b^2$

좌변이 짝수이므로 우변 b^2이 짝수이다.

b^2이 짝수이면 b가 짝수이다. 제곱수가 짝수이면 원래 수가 짝수여야 합니다.

그렇다면 $b=2p$라고 쓸 수 있고, $2a^2=b^2$에 넣어 주면

$2a^2=b^2=(2p)^2=4p^2$이 된다.

양변을 2로 나누면 결국 $a^2=2p^2$이므로 a^2이 짝수이고, 그렇다면 a가 짝수이다.

분명히 시작할 때 a, b는 서로소라고 했는데 a, b는 짝수이다.

짝수끼리는 항상 2로 약분이 되는 것이니까 바로 모순이 등장했다.

따라서 $\sqrt{2}$는 무리수이다.

갑자기 서로소, 홀수, 짝수, 제곱수가 등장해서 어렵게 느껴졌겠지만 천천히 다시 한 번 생각해 보세요. 증명하는 동안 분명히 다 맞는 내용만 썼는데도 결국 모순이 등장했습니다. 가정 자체가 잘못된 것이기 때문입니다.

이렇게 귀류법은 직접 증명이 어려울 때 아주 요긴하게 사용되는 수학의 멋진 도구랍니다.

칸토어의 고민

모든 부분집합의 집합을 생각해 보아요.
그리고 칸토어를 힘들게 한
연속체 가설에 대해서 알아봅시다.

여덟 번째 학습 목표

1. 어떤 집합의 부분집합 개수를 구하는 방법을 알아봅니다.
2. 모든 부분집합의 집합인 멱집합에 대해서 생각해 보고, 정수의 멱집합과 실수 연속체의 관계를 알아봅니다.
3. 연속체 가설이 무엇인지 이해합니다.

미리 알면 좋아요

1. **수열** 특정한 순서로 놓인 수의 열. 어떤 일정한 규칙에 따라 정해지는 유한개나 무한개 수의 항.

예를 들어, 홀수를 나열한 1, 3, 5, 7, 9, …는 첫 번째 항인 1로부터 2씩 증가하는 것을 알 수 있습니다. 이렇게 일정한 규칙에 따라 나열된 수들을 '수열'이라고 부릅니다. 수열에서는 1, 3, 5라고 나타내는 것과 1, 5, 3이라고 순서를 바꾸어 나타내는 것은 완전히 다른 것이 됩니다. 고등학교에서는 항과 그 앞 항 사이에 일정한 차이를 갖는 '등차수열'과 항과 그 앞 항 사이에 일정한 비를 갖는 '등비수열'을 중심으로 수열에 대해서 배웁니다.

2. **이진법** 0과 1 두 개의 숫자만을 이용한 수 체계.

십진법이 각 자리마다 10의 거듭제곱을 의미한다면 이진법에서는 각 자리마다 2의 거듭제곱을 의미합니다. 예를 들어, $111_{(2)}=1\times2^2+1\times2+1\times1=7$입니다. 이진법은 논리의 조립이 간단하여 컴퓨터의 단위 부품이 편리하다고 여기기 때문에 컴퓨터에서 이진법을 사용합니다. 디지털 신호는 기본적으로 이진법 수들의 나열이며, 컴퓨터 내부에서 처리하는 숫자는 이진법을 사용하기 때문에 이진법은 컴퓨터를 사용하는 현대에 더욱 유용하게 쓰이고 있습니다.

칸토어의 여덟 번째 수업

수업을 듣기 위해 칸토어의 집에 모인 아이들은 수업이 시작되기 전 집안 곳곳을 구경하고 있었습니다. 책이 가득 들어 있는 서재를 구경하던 아이들은 이상한 그림들을 발견했습니다. 수업이 시작되자 궁금한 아이들이 칸토어에게 무슨 그림인지 물어보았습니다.

서재 안쪽에 걸린 그림들이 궁금해서 물어본 것이죠?

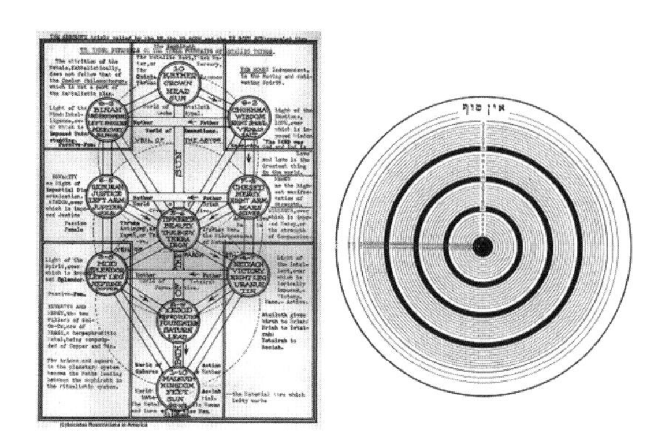

마침 오늘 이 시간과도 약간은 관련이 있는 그림들이네요.

지난번에 א 알레프에 대해서 소개한 적이 있었는데 혹시 기억이 나나요?

א가 헤브라이어 첫 글자이면서 동시에 신을 상징한다고 소개했습니다. 유대 신비주의에서 신을 '엔 소프Ein Sof' 라고 부르는데 이 말을 헤브라이어로 표기하면 역시 알레프로 시작합니다. 또 다른 신을 뜻하는 말인 '엘로힘' 도 헤브라이어로 표기하면 알레프로 시작한다고 합니다. 이 그림들은 유대 신비주의 카발라의 내용을 담은 그림들이에요.

유대 신비주의를 나타내는 카발라Kabbalah는 유대교의 은밀한 신비주의와 명상 체계에 붙인 이름으로 유대 전통의 '전승' 이라는 뜻을 갖고 있습니다.

유대 신비주의는 기원전 2000년 전에 유대인들이 모세의 지도 아래 이집트를 떠날 때 만들어진 유대 사제 제도에서 유래합니다. 혹시 성서를 읽어 보았거나 영화 〈이집트 왕자〉를 본 친구들은 들어 본 적이 있을 것입니다.

최초의 제사장은 모세의 형인 아론이었습니다. 제사장은 황금으로 만든 12개의 정사각형을 직사각형으로 배열한 사슬을 목에 둘렀습니다. 이 12개의 정사각형은 유대인의 열두 부족을 상징했고, 우림 베투밈혹은 우림과 둠밈이라고 불리며 제사를 지낼 때 사용되는 사슬로 신비한 힘이 서려 있다고 여겨졌습니다.

우림 베투밈은 40년의 사막에서 방황하는 시기나 십계명을 받는 의식에서도 사용했다고 하며 후에 팔레스타인과의 수많은 전쟁을 통해 땅을 정복할 때도 줄곧 가지고 다녔다고 합니다. 기원전 6세기에 신바빌로니아의 침략으로 유대인들이 포로로 잡혀가던 시대가 지난 후 유대인 학자들은 토라모세오경과 그 규범를 연구하며 은밀한 해석을 하기도 했습니다. 이런 작업은 기원후 로마 침략으로 예루살렘 성전이 파괴된 후에도 계속되었고 전쟁 속에서 뿔뿔이 흩어진 유대교 지도자들은 율법학교를 개설하며 전통을 이어 나갔습니다.

이런 율법학교의 랍비 중에는 신에 다가가는 방법으로 명상을 도입하며 신비주의를 이어나간 사람들이 있었는데, 11세기 스페인에서 신비주의자였던 가비롤이 유대교의 은밀한 신비주의와 명상 체계에 카발라라는 이름을 붙였습니다.

카발라에서 신을 상징하는 엔 소프는 10가지 세피로트로 나타나는 신의 특성을 전체로서 나타내는 말로, 무한을 의미합니다. 즉 신이 무한하다는 것이 카발라의 모든 것에 들어있는 궁극적인 개념입니다. 그래서 유대 신비주의자들인 카발리스트는 철학자나 수학자 못지않게 무한의 개념을 파악했습니다. 그들은 무한이 유한한 부분을 포함하면서도 유한을 합한 것보다 무한 자체가 이루 말할 수 없이 더 크다는 것을 이해했습니다. 그들은 무한에도 셀 수 있는 집합이 있고, 연속체로서 존재한다는 것과 무한의 여러 성질들을 알고 있었습니다. 이 두 개의 그림들은 바로 카발라에서 나오는 10가지 세피로트와 우주에 대한 그림입니다.

유대 신비주의에 대해 이야기하다 보니 마치 내가 엄청난 종교인인 것처럼 생각되지요? 그러나 나도 카발라에 대해서 자세히 알지 못합니다. 그러나 유대인들이 하루에도 몇 번씩 외우는 초보적인 기도문 '아돈 올람'에 이미 신이 우주를 시작도 없고 끝도 없이 다스린다는 내용, 즉 무한의 개념이 들어 있기 때문에 익숙한 것입니다.

오늘 이 시간에는 무한을 연구하던 나에게 찾아온 엄청난 고민에 대해서 이야기할 것입니다.

나는 무한의 체계가 있다고 생각하며 초한수의 수열을 생각했습니다. 수열[24]은 특정한 순서로 놓인 수의 나열로, 일정한 규칙을 가지고 있습니다. 즉 무한집합의 기수들로 이루어지는 수열을 생각하며 무한의 여러 단계가 있지 않을까 상상한 것입니다.

24 수열 일정한 규칙에 따라 한 줄로 배열된 수의 열.

▨ 부분집합의 개수

우리가 힐베르트 호텔에 놀러갔을 때 유한집합 $A=\{1, 2, 3\}$의 부분집합을 구한 적이 있습니다.

$$\phi, \{1\}, \{2\}, \{3\}, \{1, 2\}, \{1, 3\}, \{2, 3\}, \{1, 2, 3\}$$

모두 8개가 됩니다. 그 이유는 집합 A의 원소 1을 부분집합에 넣을지 말지 두 가지, 원소 2를 넣을지 말지 두 가지, 원소 3을 넣을지 말지 두 가지씩 경우가 있으므로 $2\times2\times2=2^3=8$개가 나오는 것입니다.

그렇다면 집합 $\{2, 3, 5, 6\}$의 경우 모든 부분집합의 개수를 구하라고 하면 각각 4개의 원소마다 들어가느냐 안 들어가느냐 두 가지씩 방법이 있으므로 $2\times2\times2\times2=2^4=16$개가 나옵니다.

어떤 집합의 모든 부분집합을 원소로 하여 새로운 집합을 만들 수 있는데, 이 집합을 멱집합[25]이라고 부릅니다. $A=\{1, 2, 3\}$의 멱집합은 $\{\phi, \{1\}, \{2\}, \{3\}, \{1, 2\}, \{1, 3\}, \{2, 3\}, \{1, 2, 3\}\}$입니다.

25 **멱집합** 어떤 집합 X의 모든 부분집합을 원소로 하는 집합.

따라서 멱집합 원소의 개수는 집합 A의 부분집합 총 개수와 같으므로 $2^3=8$개입니다. 멱집합은 어떤 집합이든 항상 그 집합보다 더 큰 집합이 있다는 것을 의미합니다.

우리는 이미 가장 낮은 단계의 무한으로, 가장 작은 초한수 알레프-제로를 알고 있습니다. 그렇다면 알레프-제로를 기수로 갖는 무한집합의 멱집합을 구해서 주어진 무한집합보다 더 큰 집합을 찾을 수 있지 않을까 생각할 수 있습니다.

우선 가산집합인 정수의 집합과 실수 연속체를 생각해 봅시다.

정수의 멱집합은 물론 무한집합이고, 우리는 멱집합 원소의 개수를 구할 수 있습니다. 멱집합 원소의 개수는 정수의 부분집합 총 개수와 같습니다. 정수는 기수가 $\aleph_0$이므로 멱집합 원소의 개수는 다음과 같습니다.

$$2\times2\times2\times2\times2\times\cdots=2^{\aleph_0}$$

실수 연속체 위에 있는 모든 수는 0부터 9까지의 수를 이용하여 십진법으로 전개할 수 있습니다. 즉 유리수와 무리수는 무한히 많은 정수를 이용하여 소수로 표현합니다.

한편, 십진법은 이진법[26]이나 오진법 등 다른 진법으로 바꿀 수 있습니다. 예를 들어, 십진법에 의한 수 5를 이진법에 의한 수 $101_{(2)}$로 나타낼 수 있습니다. 진법은 자리를 이용하여 수를 표현하는 방법이기 때문에 5와 $101_{(2)}$는 같은 수를 의미합니다. 따라서 실수 연속체 위에 있는 모든 수는 0과 1의 가산적 무한수열, 즉 이진법으로 나타낼 수 있습니다. 그러면 주어진 어떤 수이든 각 자리의 숫자

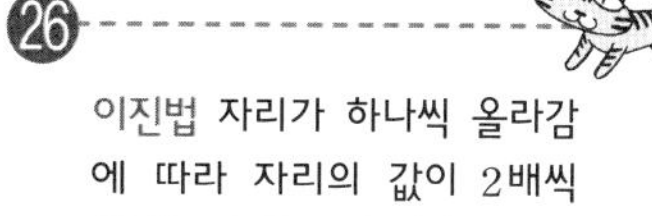

이진법 자리가 하나씩 올라감에 따라 자리의 값이 2배씩 커지는 수의 표시 방법.

를 0 아니면 1로 표현할 수 있습니다.

즉 5를 이진법으로 나타내면 $101_{(2)}$인데 빈자리마다 0이 있는 것이므로 $\cdots0101.00000\cdots_{(2)}$로 생각할 수 있습니다.

즉 모든 실수의 자릿수가 정수의 기수 알레프-제로만큼 있고, 무한개 있는 자리마다 각각 0과 1을 배열하는 것으로 모든 실수가 정해집니다. 따라서 0과 1이 들어갈 수 있는 자리가 알레프-제로만큼 있고 각각의 자리는 0과 1의 경우 두 가지씩이므로 모든 실수의 개수는 다음과 같습니다.

$$2\times2\times2\times2\times2\times\cdots=2^{\aleph_0}$$

따라서 실직선 위의 모든 수 집합의 기수는 정수의 멱집합 원소의 개수와 같습니다. 실수 전체 집합의 기수를 연속체 기수라 하고 C로 나타내므로 방금 한 말을 식으로 정리하면 다음과 같습니다.

$$C=2^{\aleph_0}$$

이 발견은 모든 부분집합들의 집합을 만드는 것으로, 원집합보다 더 큰 기수의 집합을 만들 수 있다는 것을 의미합니다. 그렇다면 멱집합의 멱집합, 멱집합의 멱집합의 멱집합 등을 생각하여 더 큰 기수를 가진 집합을 만들 수 있습니다. 정수의 모든 부분집합의 집합으로 연속체의 기수와 같은 기수를 가진 집합을 만든 것처럼, 연속체 위 수들의 모든 부분집합들의 집합을 만드는 것으로 더 높은 기수를 가진 집합을 얻을 수 있습니다.

수업을 받는 동안 무한집합에서 $\aleph_0 + \aleph_0 = \aleph_0$가 성립한다는 것을 배웠습니다. 설명하지 않았지만 $\aleph_0 \times \aleph_0 = \aleph_0$도 성립합니다. 그리고 이제 $C = 2^{\aleph_0}$란 규칙이 있다는 것도 알게 되었습니다. 나는 이것을 토대로 $n^{\aleph_0} = C$단, n은 임의의 유한한 수에 대해서도 발견했습니다.

▨ 연속체 가설

멱집합을 통해 새로운 초한수의 성질들을 알아냈지만 여전히 초한수의 단계에 대해서는 정확히 알 수가 없었습니다.

'알레프-제로와 연속체의 기수 사이에 다른 기수가 있을까, 없을까?'

이 질문에 답할 수 있다면 다음과 같은 수열을 만들 수 있을 것이라 생각했습니다.

$\aleph_0,\ \aleph_1,\ \aleph_2,\ \aleph_3,\ \aleph_4,\ \aleph_5,\ \cdots$

$\aleph_0$와 연속체 기수 사이에 또 다른 기수가 없다면 연속체 기수 C를 $\aleph_1$으로 놓을 수 있습니다. 그러나 답을 모른다면 초한 기수의 단계를 정할 수가 없습니다.

그래서 연속체의 기수가 $C=2^{\aleph_0}$인 것을 알고 있는 나는 C가 $\aleph_0$ 다음의 알레프가 아닐까 직관적으로 믿었습니다. 다음 식이 바로 내가 증명하고자 심혈을 기울였던 연속체 가설[27]입니다.

27 가설 어떤 사실을 설명하거나 어떤 이론 체계를 이끌어 내기 위하여 설정한 가정.

중요 포인트

연속체 가설

$$2^{\aleph_0}=\aleph_1$$

기수가 $\aleph_0$인 집합의 멱집합 기수가 $\aleph_1$이라는 뜻으로, 정수의 멱집합 기수가 실수의 기수와 같기 때문에 $\aleph_1$이 연속체 기수 C이기를 바라는 것입니다. 즉 기수가 정수의 집합보다 크고 실수의 집합보다 작은 크기를 갖는 무한집합은 존재하지 않기를 가정했습니다. 정수를 부분집합으로 포함하는 연속체의 어떤 부분집합이든 정수의 기수를 갖거나 실수연속체의 기수를 갖는 것을 의미합니다.

이 연속체 가설을 증명하기 위한 나의 노력은 이루 말할 수 없는 것이었습니다. 1884년 8월에 나는 수년 동안 연구한 결과 이 가설을 증명했다고 생각하여 친구이자 유명한 수학 논문집의 편집자인 미타그-레플러에게 기쁨의 편지를 보낸 적이 있었습니다. 그러나 두 달 후 증명이 잘못된 것을 깨닫고 실패했다는 편지를 보냈습니다.

한 달 동안 더 연구하면서 이번에는 연속체 가설이 틀렸다는 것을 증명했다고 생각하여 또 편지를 보냈습니다. 하지만 계속해서 증명에 착오가 있다는 것을 발견하게 되었고, 수도 없이 이런 편지를 보낼 수밖에 없었습니다.

연속체 가설이 참인지 아닌지 밝히려고 노력하는 동안 기쁨과 좌절이 교차했고 이런 시련 속에 크로네커 교수의 공격에 시달리면서 나는 서서히 미쳐갔습니다. 한 명제에 대해 참이라는 증명을 발견했다가 다음 순간 거짓이라는 증명을 발견한다는 것, 그리고 계속해서 이런 현상이 반복된다는 것은 수학자에게 이상이 있거나 논리 자체에 문제점이 있다는 것을 의미합니다.

유대 신비주의 전설에는 이런 이야기가 있습니다.

아키바라는 랍비가 다른 랍비 세 명과 함께 명상의 궁전에 들어갔다고 합니다. 그들의 체험은 너무나 강렬했습니다. 벤 아자이라는 랍비는 무한한 빛을 보고 죽었습니다. 그의 영혼이 빛의 원천을 너무나 원했기에 곧바로 육체를 벗어났기 때문입니다.

벤아부야라는 랍비는 신성한 빛을 보는 도중 하나가 아닌 두 명의 신을 보았기에 믿던 종교를 버리게 되었습니다.

벤 조마라는 랍비는 신의 옷인 무한한 빛을 보고 미쳐버렸습니다. 그 놀라운 빛에 시력을 잃고 정상으로 돌아올 수 없었습니다.

마지막으로 랍비 아키바만이 그 체험에서 살아남을 수 있었습니다.

나는 무한에 대한 연구를 하면서 결국 이 랍비들처럼 힘든 경험을 했습니다. 그러나 내가 해결하지 못했던 연속체 가설은 결국 가설 자체에는 문제가 있지 않다는 것이 밝혀졌습니다. 그리고 연속체 가설을 증명하기 위한 노력을 통해 많은 수학자들이 수학의 다른 모습을 발견하게 됩니다.

1900년 프랑스 파리에서 열린 국제 수학자 연맹에서 힐베르트는 20세기 수학자들이 중요하게 다루어야 할 23개의 문제를 제시했습니다. 그는 연속체 가설을 첫 번째 문제로 제시했습니다.

그로부터 40년 후에 괴델이 연속체 가설을 반증한다는 것이 불가능하다는 것과 선택공리를 도입해도 마찬가지로 증명이 어렵다는 것을 밝혀냈습니다. 그리고 1963년 폴 코헨은 동일한 공리계, 즉 우리 수학의 영역 내에서는 연속체 가설을 증명하는 것 자체가 불가능함을 보이게 됩니다. 하지만 여전히 이 문제에 대한 논란은 완전히 끝나지 않았고, 계속해서 의문을 품고 연구하는 수학자들이 있습니다.

괴델, 1906~1978

이번 시간에는 내가 만든 연속체 가설과 나의 시련에 대해서 이야기했습니다. 마지막으로 연속체 가설에 대한 증명이 불가능하다는 것을 밝혀 준 괴델의 불완전성 정리를 소개하며 마치겠습니다.

중요 포인트

괴델의 불완전성 정리

어떤 체계 내에서 그 체계가 무모순이라면,
그 체계의 무모순성은 그 체계 안에서 밝힐 수 없다.

우리가 다루는 수학 체계 내에서 그 체계가 모순이 없다면, 그 사실을 우리가 다루는 수학 체계 안에서 밝힐 수 없다는 것입니다. 이것은 어떤 체계가 주어졌을 때, 그 체계 내에서는 증명될 수 없는 명제가 항상 존재할 것이라는 점을 의미하고, 어떤 정리가 참이라 해도 그것을 수학적으로 증명하는 것이 불가능하다는 엄청난 이야기입니다. 우리가 배운 수학이 늘 완벽해 보이고 절대적이라고 생각했지만 괴델의 정리를 통해 지금 우리가 다루는 수학의 내용을 모두 증명하려면 이 체계를 넘는 더 큰 체계가 필요하다는 것을 알 수 있습니다. 엄청난 빛을 뿜어내는 신을 향해 끊임없이 다가가려했던 카발리스트처럼 또 한 번 체계를 넘어서기 위해 수학의 무한 속으로 다가가야 합니다.

다음 마지막 시간에는 괴델의 불완전성 정리를 증명할 때 이용된 러셀의 패러독스에 대해서 알아보고자 합니다. 수수께끼 같은 이야기들이 많이 준비되어 있으니 기대해 주세요.

여덟 번째 수업 정리

❶ 어떤 집합의 원소 개수가 n개이면 그 집합 부분집합의 총 개수는 2^n 개입니다.

❷ **멱집합** 어떤 집합이 있을 때 그 집합의 모든 부분집합으로 이루어진 새로운 집합을 멱집합이라고 합니다. 멱집합 원소의 개수는 어떤 집합의 부분집합 총 개수와 같으므로 어떤 집합 원소의 개수가 n개이면 멱집합 원소의 개수는 2^n 개입니다.

❸ 정수의 멱집합 원소의 개수는 실수의 기수와 같습니다. 즉 $C=2^{\aleph_0}$입니다.

❹ **연속체 가설** 칸토어는 초한수의 수열 $\aleph_0$, $\aleph_1$, $\aleph_2$, $\aleph_3$, $\aleph_4$, $\aleph_5$, …이 있을 것이라고 생각하며 연속체 가설을 만들었습니다. $2^{\aleph_0}=\aleph_1$ 즉 기수가 $\aleph_0$인 집합의 멱집합 기수가 $\aleph_1$이라는 뜻으

로, 정수의 멱집합 기수가 실수의 기수와 같기 때문에 $\aleph_1$이 연속체 기수 C이기를 바라는 것입니다.

❺ **괴델의 불완전성 정리** 어떤 체계 내에서 그 체계가 무모순이라면, 그 체계의 무모순성은 그 체계 안에서 밝힐 수 없다는 내용으로, 우리가 다루는 수학 체계 내에 증명될 수 없는 명제가 존재하고, 참인 명제를 증명하는 것이 불가능하다는 것을 알려 줍니다.

무한과 패러독스

거북이를 따라잡지 못하는 달리기 선수가 있다고 하네요.
그리스 시대에 유명했던 제논의 역설을 알아보고,
집합론을 다시 생각하게 만들었던
러셀의 패러독스도 생각해 보아요.

아홉 번째 학습 목표

1. 제논의 역설을 이해하고 수렴과 극한 개념에 대해서 알아봅니다.
2. 러셀의 패러독스를 이해하고 집합론의 한계를 생각해 봅니다.

미리 알면 좋아요

1. **급수** 어떤 수열이 있을 때 그 수열의 각 항을 더하여 나타낸 것.

예를 들어, 수열 3, 7, 10, 13, 16, 19, …에 각 항을 더하여 $3+7+10+13+16+19+\cdots$으로 만들면 급수가 됩니다. 항의 개수가 유한개일 때 유한급수, 무한개일 때 무한급수라고 합니다. 급수는 각 항의 변화 방법에 따라 여러 가지 종류로 구분되고, 함수를 표현하는 수단으로 중요하게 다루어집니다.

2. **집합론** 집합을 연구하는 수학 이론.

예를 들어, 유리수의 집합과 자연수 집합이 대등하다는 내용처럼 우리가 지금까지 배운 무한에 관련된 집합 이야기들은 칸토어가 1883년에 시작한 집합론의 내용입니다. 집합론은 집합의 성질을 연구하는 학문으로 무한, 연속, 극한 등의 개념을 명확히 하여 현대 수학을 논리적으로 지탱하는 밑바탕이 되었습니다.

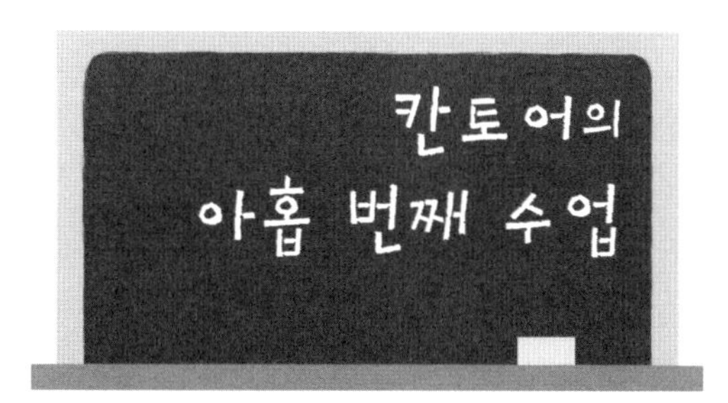

칸토어와 아이들은 타임머신을 타고 기원전 6세기에 지중해의 섬이며 그리스에 속하는 크레타에 도착했습니다. 크레타의 멋진 풍경을 구경하던 아이들은 건물 벽에 글을 쓰는 크레타인을 발견했습니다. 크레타인은 한 문장을 쓰고 사라졌습니다. 궁금해진 아이들은 칸토어를 불렀습니다.

크레타인은 벽에 '나는 거짓말쟁이다' 라고 썼습니다.

이 말을 어떻게 생각하나요?

"글을 쓴 아저씨가 거짓말쟁이라고 했으니까 아저씨는 거짓말쟁이에요."

그럼 거짓말쟁이인 아저씨가 쓴 글도 다 거짓말이겠군요. 그러면 '나는 거짓말쟁이다'라는 문장이 거짓이니까 아저씨가 다시 거짓말쟁이가 아닌 것일까요?

"잘 모르겠어요. 이상하게 느껴져요."

이런 것을 바로 '패러독스역설'라고 합니다. **패러독스**는 주어진 문장 혹은 명제가 참이라면 모순되는 결론을 낳는 추론을 말합니다.

'나는 거짓말쟁이다' 라는 글이 참이라면, 쓴 사람이 거짓말쟁이이므로 그의 글 역시 거짓입니다.

그의 글이 거짓이라면, 그는 거짓말을 한 것이므로 그의 글이 참입니다.

선택해야 할 길은 두 가지 중 하나로 정해져 있는데, 그 어느 쪽을 선택해도 바람직하지 못한 결과가 나오게 되는 곤란한 상황인 것입니다.

이와 비슷한 이야기를 하나 들려주겠습니다.

어떤 악어가 아이를 훔친 후 아이의 아버지에게 이렇게 말했습니다.

"내가 아이를 돌려줄 것인지 돌려주지 않을 것인지, 네가 정확히 알아맞히면 아이를 돌려주겠다."

그러자 아버지가 대답했습니다.

"너는 아이를 돌려주지 않을 것이다."

악어는 어떻게 해야 할까요?

아이를 돌려주지 않고 잡아먹으면 아이 아버지의 말이 맞는 것이 되기 때문에 아이를 돌려주어야 하고, 아이를 돌려주면 아이 아버지의 말이 틀린 것이 되기 때문에 아이를 돌려주지 않아도 됩니다.

수학에서도 유명한 패러독스가 여러 번 등장했습니다. 특히 무한에 얽힌 패러독스들은 무척 유명합니다.

▨아킬레스와 거북이의 경주 그리고 화살의 패러독스

아킬레스와 거북이가 달리기 경주를 하는데, 거북이가 아킬레스보다 앞서서 출발한다면, 아킬레스는 결코 거북이를 따라잡을 수 없다.

이것은 그리스 철학자 제논이 내놓은 패러독스입니다. 제논은 3세기경에 살았던 그리스 철학자로, 이렇게 난감한 패러독스를 내세워 그 시대의 수학자나 철학자들을 곤란하게 만들곤 했습니다.

아킬레스는 그리스 신화에 나오는 반은 신이고 반은 사람인 영

웅으로, 달리기의 명수입니다. 그런 아킬레스가 느림보 거북이와 달리기 시합을 한다는 것입니다. 아킬레스는 무척 빠르지만 거북이를 따라잡으려면 먼저 거북이가 있던 지점을 통과해야 합니다. 그런데 그 지점을 통과할 때에는 이미 거북이는 조금이라도 앞에 나가있습니다. 아킬레스는 거북이가 나아간 만큼 또 가야하지만 그때는 거북이가 얼마만큼 앞서 나가고 있습니다. 즉 아킬레스가 거북이를 곧 따라잡을 것 같지만 언제나 거북이를 아슬아슬하게 놓치고 만다는 것입니다.

제논이 내놓는 패러독스에 대항하기 위해 피타고라스학파는 시간이 크기가 없는 무한 시각의 모임이라는 주장을 하기도 했습니다. 이에 제논은 다음과 같은 화살 패러독스를 제시합니다.

> 공중을 날아가는 화살이 있다. 화살은 날아가는 동안 각각의 시각에 있어 일정한 지점에 위치하고 있기 때문에 그때마다 정지하고 있어야 한다. 이런 정지가 모여 있다면 아무리 모여 있어도 운동은 될 수 없다. 즉 날아가는 화살은 날지 않는다.

제논은 이 설명을 통해 시간이 무한의 시각이 될 수 없다고 설명합니다. 이런 패러독스들을 접하다 보면 뭔가 기분은 석연치 않으면서도 제논의 논리에 끌려가게 됩니다. 제논이 제시했던 고대 역설들은 수렴[28]과 극한이란 개념이 생긴 후에야 해결될 수 있었습니다.

28 수렴 수열에서 어떤 일정한 수의 임의의 근방에 유한개를 제외한 나머지 모든 항이 모여 있는 현상.

수열에서 나열된 각각의 숫자를 항이라고 하는데 예를 들어 $1, \frac{1}{2}, \frac{1}{3}, \cdots, \frac{1}{n}, \cdots$은 계속 수열을 진행할수록 유한개의 항을 제외하고는 모두 0의 근처에 모든 항들이 모여 있게 됩니다. 이럴 때 이 수열은 0을 극한으로 가지며 수렴한다고 말합니다.

유리수를 설명할 때 극한에 대해서 잠깐 소개했듯이 극한은 한 수열이 우리가 원하는 만큼 가깝게 거기에 접근하면서도 실제로는 거기에 도달하지 않게 되는 수를 말하는 것으로 '무한히 가까이 가는 과정'과 '그 과정이 구체적인 사실로 나타난 결과인 극한 값'이라는 두 가지 의미가 함께 있습니다. 이런 내용을 기호로 간단히 나타내면 다음과 같습니다.

$n \to \infty$일 때, $\frac{1}{n} \to 0$ 또는 $\lim_{n \to \infty} \frac{1}{n} = 0$

예를 들어, 아킬레스가 출발점에서 도착점 사이의 절반을 달리고, 그 다음에는 남은 거리의 절반을 달리고, 그 다음에도 역시 남은 거리의 절반을 달리는 일을 계속한다면 달린 거리의 총합은 다음 식으로 나타낼 수 있습니다.

$$\frac{1}{2} + \frac{1}{4} + \frac{1}{8} + \frac{1}{16} + \frac{1}{32} + \cdots$$

이런 식은 무한한 수열의 합으로 '무한급수'라고 부릅니다. 이 무한급수[29]는 충분히 많은 항을 더하는 것으로, 급수의 합이 우리가 원하는 만큼 1에 다가가도록 할 수 있습니다. 즉 1에 수렴합니다.

급수 일정한 법칙에 따라 늘어나거나 줄어드는 수를 일정한 순서로 배열한 수열의 합.

무한급수 항의 개수가 무한인 급수.

합산되는 항들이 무한이 증가할 때 이 급수가 1을 극한으로 가집니다. 아킬레스가 달릴 때 계속해서 같은 속력으로 달린다면, 급수로 나타난 거리를 달리기 위해 드는 시간도 역시 동일한 급수로 나타납니다. 결국 무한히 달리는 것을 시도한다면 유한한 시간 동안에 전체 거리를 달리게 됩니다.

아킬레스가 거북이보다 10배 빠르고, 거북이보다 100m 뒤에서 출발했다면 아킬레스가 100m 달리는 동안 거북이는 100m의 $\frac{1}{10}$배인 10m를 더 가서 110m에 있게 됩니다.

아킬레스가 10m 더 달리게 되면 그동안 거북이는 10m의 $\frac{1}{10}$배인 1m를 더 가게 됩니다. 이런 방식으로 달린다면 처음 차이인 100m를 제외한 모든 거리 차이의 합은 무한급수 $10+1+\frac{1}{10}+\frac{1}{100}+\cdots$으로 나타낼 수 있습니다.

수렴하는 무한급수를 구하는 계산법에 따라 $\frac{10}{1-\frac{1}{10}}=\frac{100}{9}$

이 나오므로 $100+\frac{100}{9}$을 달리면 아킬레스는 거북이를 따라잡게 됩니다.

지금까지 고대의 패러독스에 대해서 소개했습니다. 이제부터 나의 집합론[30]에 들어 있는 패러독스를 알려주겠습니다.

30 집합론 1883년 독일의 수학자 칸토어가 창시한 수학의 한 분야로, 집합의 성질을 연구하는 학문.

러셀의 패러독스

스페인의 한 도시인 세빌리아의 한 시골마을에 이발사가 한 명 있었다. 이 이발사는 세빌리아 주민들 가운데 자기 스스로 머리카락을 깎지 않는 모든 사람의 머리카락을 깎아 준다. 그러면 세빌리아의 이발사는 제 머리카락을 스스로 깎을까?

세빌리아의 이발사가 제 머리카락을 스스로 깎는다면 스스로 머리카락을 깎지 않는 사람의 머리카락만 깎아 주어야 하기 때문에 깎을 수 없고, 그가 제 머리카락을 깎지 않는다면 스스로 머리카락을 깎지 않는 사람의 머리카락은 그가 깎아 주어야 하기 때문에 그 말에 따라 제 머리카락을 깎아야 합니다.

자! 이런 역설을 집합론에서 찾은 사람이 있었으니 바로 20세기의 가장 유명한 철학자인 러셀 B.Russell, 1872~1970 입니다.

지난 시간에 우리는 집합의 모든 부분집합으로 원집합을 포함하는 집합을 만드는 것을 배웠습니다. 러셀은 또 다른 형태의 집합을 생각해 보았습니다.

1901년 러셀은 자기 자신을 원소로 갖지 않는 모든 집합의 집합을 떠올렸습니다. 이런 집합은 세빌리아 이발사 이야기로 다시

러셀, 1872~1970

생각해 볼 수 있습니다. 세빌리아의 이발사가 자신의 머리카락을 스스로 깎는다면 '자기 스스로 머리카락을 깎지 않는 모든 사람의 머리카락을 깎아 준다' 라는 조건에 어긋나게 되고, 만약 깎지 않는다면 '자기 스스로 머리카락을 깎지 않는' 마을 사람들의 집합에 속하게 되는 것입니다.

자기 자신을 원소로 갖지 않는 모든 집합의 집합 Z를 생각해 봅시다. 모든 집합의 집합을 U라고 하면 Z는 다음과 같습니다.

$$Z=\{X \in U \mid X \notin X\}$$

그러면 Z는 자기 자신에 속할까요, 속하지 않을까요?

$Z \notin Z$ 즉 Z가 Z에 속하지 않는다면 집합의 조건에 의해 $Z \in Z$입니다.

그런데 $Z \in Z$이면 집합의 조건을 만족하는 것이므로 $Z \notin Z$입니다.

정말 엄청난 모순이 나타났습니다.

러셀의 패러독스에 담긴 중요한 의미는 '모든 집합을 원소로 가지는 집합은 존재하지 않는다' 입니다. 집합론을 처음 다룰 때 수학자들은 모든 것을 포함하는 전체집합은 당연히 있는 것으로 생각했습니다. 그러나 러셀의 패러독스를 통해 집합을 함부로 정의하는 것에 신중해야 한다는 것을 알 수 있습니다. 어떤 집합의 원소가 실제 있는 것인가를 밝혀야 합니다. 그렇지 않다면 모든 집합론에서 다루는 성질들의 기초가 흔들리게 되는 것이죠.

물론 우리 학생들처럼 일반적인 사람들이 수학을 다루는 데 있어 이런 문제는 중요하지 않을지도 모릅니다. 그러나 집합론을 연구하거나 집합론을 토대로 모든 수학을 구성해 나가고자 했던 수학자들에게는 힘든 과제가 맡겨진 것이었습니다.

러셀의 패러독스 이전에도 집합론에서 다른 패러독스를 찾은 사람이 있었습니다. 그는 브랄리-포르티라는 수학자입니다. 또 나를 이어 집합론의 발전을 이룬 수학자 체르멜로는 러셀의 패러독스를 이미 알고 있었다고 합니다.

연속체 가설 문제와 함께 논의되는 선택공리[31]에도 폴란드 수학자 스테판 바나흐와 폴란드 출신 미국 수학자 알프레드 타르스키가 찾은 바나흐-타르스키 패러독스가 있습니다.

31 선택공리 원소가 모두 집합으로 이루어진 집합, 즉 집합족이 있을 때 각 집합족에 속하는 집합에서 대표 원소를 하나씩 택하여 새로운 집합을 만들 수 있다는 공리.

이 역설에 의하면 하나의 구가 유한한 수의 부분으로 분해된 다음, 원래의 구와 반지름이 똑같은 두 개의 구로 다시 조립될 수 있다고 합니다. 이것은 수학이라기보다 마술에 가까운 이야기로 보입니다. 하나의 구를 쪼개고 나면 똑같은 크기의 구를 두 개나 만들 수 있다니 얼마나 놀라운 일입니까?

연속체 가설이나 선택공리가 지금 수학의 체계와 독립적이기 때문에 내가 생각한 무한의 단계가 옳은지 그른지 알 수 없다는 것이 밝혀졌지만 집합론을 연구하는 학자들은 계속해서 큰 기수를 갖는 무한집합에 대해서 연구를 하며 새로운 결과들을 발견해 내고 있습니다. 나 칸토어에서 체르멜로로, 체르멜로에서 괴델에게로, 괴델에게서 필즈상[32]을 받았던 코언 1934~2007에게로 그리고 잭 실버, 셀라 등 또 알려지지 않은 무명의 수학자들이 계속해서 집합에 대한 연구를 이어가고 있습니다.

32 필즈상 수학의 노벨상으로 4년마다 열리는 국제 수학자 회의에서 뛰어난 업적을 올린 두 명의 수학자에게 주는 상. 토론토 대학의 교수 필즈의 기부금으로 창설되어 1936년에 처음 시상함.

이것으로 무한의 세계를 여행했던 우리의 수업이 끝났습니다. 나는 집합을 위주로 무한을 다루었지만 기하와 관련된 무한 그리고 과학자들의 수많은 연구가 녹아 있는 우주와 관련된 무한

등 무한에 대한 재미있는 이야기는 너무나 많습니다. 여러분들이 관심을 갖고 보기를 바랍니다.

무한을 이해하면서 느꼈겠지만 사람의 사고야말로 바로 끊임없이 발전하고 있는 무한의 세계입니다.

"수학의 뿌리는 어디에 있을까요?"

혹시 이 질문에 대한 답을 알고 있나요? 내가 수업을 하면서 했던 이야기 중에 있었습니다.

"아! 자유로움에 있어요."

그렇습니다. 수학의 본질은 자유에 있습니다. 무한을 두려워하며 발을 디디려 하지 않던 한계를 벗어나 자유롭게 나는 집합론을 시작했습니다. 여러분도 살면서 부딪히는 수많은 한계를 넘어 자유로운 사고를 계속하기 바랍니다. 새로운 세상은 여러분의 생각에서 비롯됩니다.

아이들은 따뜻한 칸토어의 손을 잡으며 이별을 아쉬워했습니다. 수업을 마친 칸토어는 무한의 세계로 다시 여행을 떠났습니다.

이제 여러분들과 헤어질 시간이군요.
선생님, 저희들과 같이 공부를 해 주셔서 너무 감사해요.
여러분 수학의 뿌리는 어디에 있는 거죠?
자유로움에 있어요~!
네! 여러분들은 수학을 공부하면서 자유로운 상상을 많이 하길 바랍니다.

아홉 번째 수업 정리

1 패러독스 주어진 문장 혹은 명제가 참이라면 모순되는 결론을 낳는 추론을 패러독스역설라고 합니다.

2 제논의 역설 극한, 수렴의 개념으로 해결될 수 있습니다. 무한한 수열에서 수열을 진행할수록 유한개의 항을 제외하고 모두 어떤 수 근처에 모두 모여 있게 되면 이 수열은 그 수를 극한으로 가지며 수렴한다고 합니다.

3 무한급수 무한한 수열의 합을 무한급수라고 합니다. 예를 들어 $\frac{1}{2}+\frac{1}{4}+\frac{1}{8}+\frac{1}{16}+\frac{1}{32}+\cdots$가 있습니다. 무한급수를 구하는 계산법은 $\frac{a_1}{1-\gamma}$ a_1은 처음에 있는 항, r은 앞의 항과 그 다음 항의 비율으로

$$\frac{1}{2}+\frac{1}{4}+\frac{1}{8}+\frac{1}{16}+\frac{1}{32}+\cdots=\frac{\frac{1}{2}}{1-\frac{1}{2}}=1$$ 입니다.

❹ **러셀의 패러독스** '자기 자신을 원소로 갖지 않는 모든 집합의 집합' 을 생각하는 것으로, 이는 모든 집합을 원소로 가지는 집합은 존재하지 않음을 알려줍니다.